くもんの小学ドリル

がんばり3年生
学習記ろく表

名前

JN048006

1	2	3	4	5	6	7	8
9	10	11	12	13	14	15	16
17	18	19	20	21	22	23	24
25	26	27	28	29	30	31	32
33	34	35	36	37	38	39	40
41	42	43	44	45			

1さつぜんぶ終わったら、
ここに大きなシールを
はりましょう。

あなたは
「くもんの小学ドリル　算数　3年生かけ算」を、
さいごまでやりとげました。
すばらしいです！
これからもがんばってください。

1 たし算のふくしゅう(1)

むずかしさ ★☆☆

月　日　名前

はじめ　時　分　おわり　時　分

1 計算をしましょう。〔1もん　2点〕

❶ $\begin{array}{r} 13 \\ +24 \\ \hline \end{array}$

❷ $\begin{array}{r} 25 \\ +32 \\ \hline \end{array}$

❸ $\begin{array}{r} 34 \\ +42 \\ \hline \end{array}$

❹ $\begin{array}{r} 40 \\ +26 \\ \hline \end{array}$

❺ $\begin{array}{r} 53 \\ +30 \\ \hline \end{array}$

❻ $\begin{array}{r} 35 \\ +15 \\ \hline \end{array}$

❼ $\begin{array}{r} 36 \\ +25 \\ \hline \end{array}$

❽ $\begin{array}{r} 46 \\ +33 \\ \hline \end{array}$

❾ $\begin{array}{r} 47 \\ +33 \\ \hline \end{array}$

❿ $\begin{array}{r} 17 \\ +38 \\ \hline \end{array}$

⓫ $\begin{array}{r} 24 \\ +29 \\ \hline \end{array}$

⓬ $\begin{array}{r} 39 \\ +15 \\ \hline \end{array}$

⓭ $\begin{array}{r} 37 \\ +25 \\ \hline \end{array}$

⓮ $\begin{array}{r} 50 \\ +40 \\ \hline \end{array}$

⓯ $\begin{array}{r} 30 \\ +51 \\ \hline \end{array}$

⓰ $\begin{array}{r} 32 \\ +49 \\ \hline \end{array}$

⓱ $\begin{array}{r} 43 \\ +27 \\ \hline \end{array}$

⓲ $\begin{array}{r} 44 \\ +38 \\ \hline \end{array}$

⓳ $\begin{array}{r} 18 \\ +63 \\ \hline \end{array}$

⓴ $\begin{array}{r} 29 \\ +66 \\ \hline \end{array}$

2 計算をしましょう。

〔1もん　3点〕

①　　43
　　＋35

②　　48
　　＋35

③　　63
　　＋32

④　　64
　　＋55

⑤　　41
　　＋66

⑥　　37
　　＋63

⑦　　50
　　＋78

⑧　　52
　　＋74

⑨　　58
　　＋74

⑩　　56
　　＋62

⑪　　56
　　＋67

⑫　　60
　　＋80

⑬　　83
　　＋64

⑭　　73
　　＋69

⑮　　54
　　＋78

⑯　　63
　　＋39

⑰　　68
　　＋49

⑱　　75
　　＋60

⑲　　75
　　＋46

⑳　　87
　　＋28

たし算のひっ算を思い出そう。

点

2 たし算のふくしゅう(2)

むずかしさ ★☆☆

月　日　名前　はじめ　時　分　おわり　時　分

1 計算をしましょう。　〔1もん　2点〕

❶ $26+32$

❷ $34+45$

❸ $41+27$

❹ $50+38$

❺ $36+19$

❻ $27+53$

❼ $49+15$

❽ $40+50$

❾ $40+70$

❿ $46+63$

⓫ $52+74$

⓬ $78+31$

⓭ $63+85$

⓮ $65+85$

⓯ $49+50$

⓰ $48+63$

⓱ $37+91$

⓲ $38+94$

⓳ $54+75$

⓴ $56+77$

2 計算（けいさん）をしましょう。 〔1もん 4点（てん）〕

❶ 184 + 5

❷ 166 + 7

❸ 203 + 28

❹ 246 + 39

❺ 438 + 42

❻ 567 + 28

3 計算（けいさん）をしましょう。 〔1もん 4点（てん）〕

❶ 14 + 23 + 35

❷ 25 + 12 + 39

❸ 32 + 51 + 64

❹ 27 + 18 + 39

❺ 34 + 27 + 16

❻ 34 + 51 + 62

❼ 45 + 13 + 75

❽ 58 + 25 + 43

❾ 23 + 75 + 84

まちがえたもんだいは，もう一（いち）どやりなおしてみよう。

点

3 2～5のだんの九九

むずかしさ ★☆☆

月　日　名前　はじめ　時　分　おわり　時　分

1 計算をしましょう。

〔1もん　1点〕

❶	2×5＝	㉑	4×1＝
❷	2×6＝	㉒	4×2＝
❸	2×7＝	㉓	4×3＝
❹	3×5＝	㉔	4×4＝
❺	3×6＝	㉕	5×1＝
❻	3×7＝	㉖	5×2＝
❼	4×5＝	㉗	5×3＝
❽	4×6＝	㉘	5×4＝
❾	4×7＝	㉙	2×8＝
❿	5×5＝	㉚	2×9＝
⓫	5×6＝	㉛	2×0＝
⓬	5×7＝	㉜	3×8＝
⓭	2×1＝	㉝	3×9＝
⓮	2×2＝	㉞	3×0＝
⓯	2×3＝	㉟	4×8＝
⓰	2×4＝	㊱	4×9＝
⓱	3×1＝	㊲	4×0＝
⓲	3×2＝	㊳	5×8＝
⓳	3×3＝	㊴	5×9＝
⓴	3×4＝	㊵	5×0＝

2 計算(けいさん)をしましょう。 〔1もん　2点(てん)〕

1. $3 \times 4 =$
2. $5 \times 8 =$
3. $2 \times 9 =$
4. $4 \times 6 =$
5. $5 \times 0 =$
6. $2 \times 5 =$
7. $3 \times 7 =$
8. $4 \times 1 =$
9. $3 \times 2 =$
10. $5 \times 4 =$
11. $2 \times 2 =$
12. $4 \times 9 =$
13. $5 \times 3 =$
14. $2 \times 7 =$
15. $3 \times 8 =$
16. $4 \times 4 =$
17. $3 \times 0 =$
18. $5 \times 7 =$
19. $2 \times 4 =$
20. $4 \times 3 =$
21. $5 \times 6 =$
22. $2 \times 8 =$
23. $4 \times 5 =$
24. $3 \times 6 =$
25. $2 \times 1 =$
26. $4 \times 8 =$
27. $5 \times 5 =$
28. $3 \times 9 =$
29. $4 \times 2 =$
30. $5 \times 9 =$

©くもん出版

2のだんから5のだんまでの九九(くく)を思(おも)い出(だ)そう。

点

4 6～9のだんの九九

むずかしさ ★☆☆

月　日　名前　はじめ　時　分　おわり　時　分

1 計算をしましょう。〔1もん　1点〕

1. 7×5＝
2. 7×6＝
3. 7×7＝
4. 6×5＝
5. 6×6＝
6. 6×7＝
7. 9×5＝
8. 9×6＝
9. 9×7＝
10. 8×5＝
11. 8×6＝
12. 8×7＝
13. 7×1＝
14. 7×2＝
15. 7×3＝
16. 7×4＝
17. 6×1＝
18. 6×2＝
19. 6×3＝
20. 6×4＝
21. 9×1＝
22. 9×2＝
23. 9×3＝
24. 9×4＝
25. 8×1＝
26. 8×2＝
27. 8×3＝
28. 8×4＝
29. 7×8＝
30. 7×9＝
31. 7×0＝
32. 6×8＝
33. 6×9＝
34. 6×0＝
35. 9×8＝
36. 9×9＝
37. 9×0＝
38. 8×8＝
39. 8×9＝
40. 8×0＝

2 計算をしましょう。 〔1もん　2点〕

① 7 × 4 =

② 9 × 8 =

③ 6 × 9 =

④ 8 × 6 =

⑤ 9 × 0 =

⑥ 6 × 5 =

⑦ 7 × 7 =

⑧ 8 × 1 =

⑨ 7 × 2 =

⑩ 9 × 4 =

⑪ 6 × 2 =

⑫ 8 × 9 =

⑬ 9 × 3 =

⑭ 6 × 7 =

⑮ 7 × 8 =

⑯ 8 × 4 =

⑰ 7 × 0 =

⑱ 9 × 7 =

⑲ 6 × 4 =

⑳ 8 × 3 =

㉑ 9 × 6 =

㉒ 6 × 8 =

㉓ 8 × 5 =

㉔ 7 × 6 =

㉕ 6 × 1 =

㉖ 8 × 8 =

㉗ 9 × 5 =

㉘ 7 × 9 =

㉙ 8 × 2 =

㉚ 9 × 9 =

8　　6のだんから9のだんまでの九九を思い出そう。

点

5 かけ算のふくしゅう

むずかしさ ★★☆

月　日　名前　はじめ　時　分　おわり　時　分

1 計算をしましょう。 〔1もん　1点〕

❶ 3×4＝	⓭ 4×7＝	㉕ 7×8＝
❷ 5×2＝	⓮ 6×9＝	㉖ 5×9＝
❸ 7×1＝	⓯ 8×5＝	㉗ 3×2＝
❹ 2×6＝	⓰ 9×6＝	㉘ 6×5＝
❺ 4×8＝	⓱ 7×7＝	㉙ 8×9＝
❻ 6×4＝	⓲ 5×5＝	㉚ 5×1＝
❼ 8×3＝	⓳ 3×9＝	㉛ 7×3＝
❽ 3×7＝	⓴ 2×5＝	㉜ 3×8＝
❾ 5×6＝	㉑ 4×4＝	㉝ 6×7＝
❿ 7×4＝	㉒ 6×2＝	㉞ 3×3＝
⓫ 9×5＝	㉓ 8×4＝	㉟ 4×6＝
⓬ 2×8＝	㉔ 9×1＝	㊱ 9×7＝

2 □にあてはまる数字を入れましょう。 〔1もん　3点〕

❶ 3×7＝7×□

❸ 5×□＝7×5

❷ 4×6＝□×4

❹ □×8＝8×9

3 計算をしましょう。 〔1もん 1点〕

1 $4 \times 5 =$

2 $8 \times 0 =$

3 $5 \times 2 =$

4 $1 \times 4 =$

5 $7 \times 5 =$

6 $0 \times 3 =$

7 $3 \times 6 =$

8 $0 \times 6 =$

9 $5 \times 9 =$

10 $1 \times 7 =$

11 $9 \times 2 =$

12 $0 \times 5 =$

13 $6 \times 4 =$

14 $1 \times 1 =$

15 $8 \times 8 =$

16 $1 \times 0 =$

17 $9 \times 6 =$

18 $0 \times 4 =$

19 $5 \times 3 =$

20 $7 \times 0 =$

21 $0 \times 0 =$

22 $6 \times 6 =$

23 $8 \times 7 =$

24 $1 \times 2 =$

25 $9 \times 8 =$

26 $9 \times 0 =$

27 $1 \times 6 =$

28 $8 \times 6 =$

4 □にあてはまる数字を入れましょう。 〔1もん 3点〕

1 $4 \times 7 = 4 \times 6 + \boxed{}$

2 $6 \times 8 = 6 \times \boxed{} + 6$

3 $3 \times 6 = \boxed{} \times 5 + 3$

4 $5 \times 10 = 5 \times 9 + \boxed{}$

5 計算をしましょう。 〔1もん 2点〕

1 $2 \times 10 =$

2 $2 \times 11 =$

3 $2 \times 12 =$

4 $5 \times 10 =$

5 $10 \times 5 =$

6 $12 \times 2 =$

10 まちがえたもんだいは、もう一どやりなおして
みよう。

□□□ 点

6 チェックテスト

月　日	名前	はじめ　時　分	おわり　時　分

1 つぎの計算をしましょう。 〔1もん　3点〕

❶ $\begin{array}{r} 57 \\ +24 \\ \hline \end{array}$

❷ $\begin{array}{r} 76 \\ +14 \\ \hline \end{array}$

❸ $\begin{array}{r} 32 \\ +53 \\ \hline \end{array}$

❹ $\begin{array}{r} 43 \\ +29 \\ \hline \end{array}$

❺ $\begin{array}{r} 58 \\ +37 \\ \hline \end{array}$

❻ $\begin{array}{r} 64 \\ +55 \\ \hline \end{array}$

❼ $\begin{array}{r} 81 \\ +88 \\ \hline \end{array}$

❽ $\begin{array}{r} 52 \\ +60 \\ \hline \end{array}$

❾ $\begin{array}{r} 45 \\ +26 \\ \hline \end{array}$

❿ $\begin{array}{r} 48 \\ +38 \\ \hline \end{array}$

⓫ $\begin{array}{r} 25 \\ +78 \\ \hline \end{array}$

⓬ $\begin{array}{r} 66 \\ +89 \\ \hline \end{array}$

⓭ $\begin{array}{r} 53 \\ +74 \\ \hline \end{array}$

⓮ $\begin{array}{r} 87 \\ +39 \\ \hline \end{array}$

⓯ $\begin{array}{r} 328 \\ +\ \ 19 \\ \hline \end{array}$

⓰ $\begin{array}{r} 423 \\ +\ \ 56 \\ \hline \end{array}$

⓱ $\begin{array}{r} 517 \\ +\ \ 57 \\ \hline \end{array}$

⓲ $\begin{array}{r} 935 \\ +\ \ 28 \\ \hline \end{array}$

⓳ $\begin{array}{r} 16 \\ 32 \\ +45 \\ \hline \end{array}$

⓴ $\begin{array}{r} 27 \\ 48 \\ +63 \\ \hline \end{array}$

2 つぎの計算をしましょう。 〔1もん 1点〕

① 6×7＝

② 2×5＝

③ 8×2＝

④ 4×1＝

⑤ 1×8＝

⑥ 3×3＝

⑦ 6×0＝

⑧ 7×4＝

⑨ 5×6＝

⑩ 9×9＝

⑪ 0×2＝

⑫ 2×7＝

⑬ 4×8＝

⑭ 8×5＝

⑮ 3×9＝

⑯ 1×4＝

⑰ 9×7＝

⑱ 0×6＝

⑲ 7×3＝

⑳ 6×8＝

㉑ 2×1＝

㉒ 3×5＝

㉓ 4×0＝

㉔ 8×9＝

㉕ 5×2＝

㉖ 9×4＝

㉗ 0×7＝

㉘ 7×6＝

㉙ 1×3＝

㉚ 6×9＝

㉛ 4×4＝

㉜ 5×8＝

㉝ 3×7＝

㉞ 8×1＝

㉟ 2×6＝

㊱ 9×5＝

㊲ 7×10＝

㊳ 3×11＝

㊴ 12×2＝

㊵ 10×9＝

答え合わせをして点数をつけてから，92ページのアドバイスを読もう。

点

7 2けた×2，×3(1)

むずかしさ ★★☆

月　日　名前　はじめ　時　分　おわり　時　分

1 かけ算(ざん)をしましょう。〔1もん　4点(てん)〕

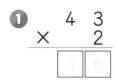

❶ 43×2 = 8 6

❷ 31×2

❸ 41×2

❹ 13×2

❺ 32×2

❻ 51×2

❼ 52×2

❽ 72×2

❾ 23×2

❿ 42×2

⓫ 63×2

⓬ 84×2

©くもん出版

2をかける計算(けいさん)をひっ算(さん)でれんしゅうしよう。

2　かけ算(ざん)をしましょう。　〔1もん　4点(てん)〕

❶ $\begin{array}{r} 12 \\ \times\quad 3 \\ \hline 36 \end{array}$

❷ $\begin{array}{r} 11 \\ \times\quad 3 \\ \hline \end{array}$

❸ $\begin{array}{r} 21 \\ \times\quad 3 \\ \hline \end{array}$

❹ $\begin{array}{r} 22 \\ \times\quad 3 \\ \hline \end{array}$

❺ $\begin{array}{r} 23 \\ \times\quad 3 \\ \hline \end{array}$

❻ $\begin{array}{r} 31 \\ \times\quad 3 \\ \hline \end{array}$

❼ $\begin{array}{r} 32 \\ \times\quad 3 \\ \hline \end{array}$

❽ $\begin{array}{r} 33 \\ \times\quad 3 \\ \hline \end{array}$

❾ $\begin{array}{r} 41 \\ \times\quad 3 \\ \hline \end{array}$ □□□

❿ $\begin{array}{r} 43 \\ \times\quad 3 \\ \hline \end{array}$

⓫ $\begin{array}{r} 51 \\ \times\quad 3 \\ \hline \end{array}$

⓬ $\begin{array}{r} 52 \\ \times\quad 3 \\ \hline \end{array}$

⓭ $\begin{array}{r} 53 \\ \times\quad 3 \\ \hline \end{array}$

3をかける計算(けいさん)をひっ算(さん)でれんしゅうしよう。

点

8 2けた×2，×3(2)

むずかしさ ★★☆

月　日　名前　はじめ　時　分　おわり　時　分

1 かけ算をしましょう。〔1もん　2点〕

❶ 26×3 = 78

❷ 25×3

❸ 15×3

❹ 16×3

❺ 17×3

❻ 27×3

❼ 28×3

❽ 29×3

❾ 18×3

❿ 19×3

⓫ 38×3

⓬ 35×3

⓭ 36×3

⓮ 37×3

⓯ 39×3

⓰ 45×3

⓱ 46×3

⓲ 47×3

⓳ 48×3

⓴ 49×3

2 かけ算をしましょう。

〔1もん 3点〕

① 　 2 3
　　× 　 2

② 　 2 4
　　× 　 2

③ 　 2 5
　　× 　 2

④ 　 2 6
　　× 　 2

⑤ 　 2 7
　　× 　 2

⑥ 　 3 3
　　× 　 3

⑦ 　 3 4
　　× 　 3

⑧ 　 3 5
　　× 　 3

⑨ 　 3 6
　　× 　 3

⑩ 　 3 7
　　× 　 3

⑪ 　 2 2
　　× 　 2

⑫ 　 2 3
　　× 　 2

⑬ 　 3 4
　　× 　 2

⑭ 　 3 5
　　× 　 2

⑮ 　 3 6
　　× 　 2

⑯ 　 4 3
　　× 　 3

⑰ 　 4 4
　　× 　 3

⑱ 　 5 5
　　× 　 3

⑲ 　 5 6
　　× 　 3

⑳ 　 5 7
　　× 　 3

くり上がりに気をつけて計算しよう。

点

9 2けた×3, ×4

むずかしさ ★★☆

月　日　名前

はじめ　時　分　おわり　時　分

1 かけ算(ざん)をしましょう。

〔1もん　2点(てん)〕

❶ 32×3

❷ 43×3

❸ 54×3

❹ 65×3

❺ 76×3

❻ 31×4

❼ 43×4

❽ 55×4

❾ 67×4

❿ 79×4

⓫ 11×4

⓬ 13×4

⓭ 15×4

⓮ 17×4

⓯ 19×4

⓰ 21×4

⓱ 24×4

⓲ 26×4

⓳ 37×4

⓴ 49×4

2 かけ算をしましょう。　〔1もん　3点〕

1. 41×4
2. 51×4
3. 62×4
4. 72×4
5. 83×4
6. 14×4
7. 25×4
8. 36×4
9. 47×4
10. 58×4
11. 24×4
12. 35×4
13. 46×4
14. 57×4
15. 69×4
16. 54×4
17. 65×4
18. 76×4
19. 87×4
20. 99×4

4をかける計算をひっ算でれんしゅうしよう。

点

10 2けた×2，×3，×4

むずかしさ ★★☆

月　日　名前　はじめ　時　分　おわり　時　分

1 かけ算をしましょう。〔1もん　2点〕

❶ 42×2

❷ 53×2

❸ 64×2

❹ 75×2

❺ 86×2

❻ 51×4

❼ 62×4

❽ 73×4

❾ 84×4

❿ 95×4

⓫ 35×4

⓬ 46×4

⓭ 57×4

⓮ 68×4

⓯ 79×4

⓰ 54×4

⓱ 65×4

⓲ 76×4

⓳ 87×4

⓴ 98×4

2 かけ算をしましょう。 〔1もん 3点〕

❶ 32×2	❻ 41×3	⓫ 31×4	⓰ 14×4
❷ 43×2	❼ 52×3	⓬ 42×4	⓱ 35×4
❸ 54×2	❽ 64×3	⓭ 53×4	⓲ 46×4
❹ 67×2	❾ 76×3	⓮ 66×4	⓳ 67×4
❺ 79×2	❿ 89×3	⓯ 75×4	⓴ 78×4

まちがえたもんだいは，もう一どやりなおしてみよう。

点

11 2けた×4，×5

むずかしさ ★★☆

月　日　名前　はじめ　時　分　おわり　時　分

1 かけ算をしましょう。　〔1もん　2点〕

❶ 31×4	❻ 11×5	⓫ 21×5	⓰ 31×5
❷ 42×4	❼ 13×5	⓬ 24×5	⓱ 43×5
❸ 53×4	❽ 15×5	⓭ 25×5	⓲ 55×5
❹ 64×4	❾ 17×5	⓮ 36×5	⓳ 67×5
❺ 75×4	❿ 19×5	⓯ 49×5	⓴ 79×5

2 かけ算をしましょう。 〔1もん 3点〕

❶ $\begin{array}{r} 41 \\ \times\ 5 \\ \hline \end{array}$	❻ $\begin{array}{r} 14 \\ \times\ 5 \\ \hline \end{array}$	⓫ $\begin{array}{r} 24 \\ \times\ 5 \\ \hline \end{array}$	⓰ $\begin{array}{r} 54 \\ \times\ 5 \\ \hline \end{array}$
❷ $\begin{array}{r} 52 \\ \times\ 5 \\ \hline \end{array}$	❼ $\begin{array}{r} 25 \\ \times\ 5 \\ \hline \end{array}$	⓬ $\begin{array}{r} 35 \\ \times\ 5 \\ \hline \end{array}$	⓱ $\begin{array}{r} 65 \\ \times\ 5 \\ \hline \end{array}$
❸ $\begin{array}{r} 63 \\ \times\ 5 \\ \hline \end{array}$	❽ $\begin{array}{r} 36 \\ \times\ 5 \\ \hline \end{array}$	⓭ $\begin{array}{r} 46 \\ \times\ 5 \\ \hline \end{array}$	⓲ $\begin{array}{r} 76 \\ \times\ 5 \\ \hline \end{array}$
❹ $\begin{array}{r} 74 \\ \times\ 5 \\ \hline \end{array}$	❾ $\begin{array}{r} 47 \\ \times\ 5 \\ \hline \end{array}$	⓮ $\begin{array}{r} 57 \\ \times\ 5 \\ \hline \end{array}$	⓳ $\begin{array}{r} 87 \\ \times\ 5 \\ \hline \end{array}$
❺ $\begin{array}{r} 85 \\ \times\ 5 \\ \hline \end{array}$	❿ $\begin{array}{r} 58 \\ \times\ 5 \\ \hline \end{array}$	⓯ $\begin{array}{r} 69 \\ \times\ 5 \\ \hline \end{array}$	⓴ $\begin{array}{r} 99 \\ \times\ 5 \\ \hline \end{array}$

5をかける計算をひっ算でれんしゅうしよう。

点

12 2けた×5，×6

むずかしさ ★★☆

月 日	名前	はじめ 時 分	おわり 時 分

1 かけ算をしましょう。 〔1もん 2点〕

① 31×5

② 42×5

③ 53×5

④ 66×5

⑤ 77×5

⑥ 11×6

⑦ 13×6

⑧ 15×6

⑨ 17×6

⑩ 19×6

⑪ 21×6

⑫ 24×6

⑬ 25×6

⑭ 36×6

⑮ 49×6

⑯ 31×6

⑰ 43×6

⑱ 55×6

⑲ 67×6

⑳ 79×6

2 かけ算をしましょう。 〔1もん 3点〕

1. $\begin{array}{r} 14 \\ \times\ \ 6 \\ \hline \end{array}$
2. $\begin{array}{r} 25 \\ \times\ \ 6 \\ \hline \end{array}$
3. $\begin{array}{r} 36 \\ \times\ \ 6 \\ \hline \end{array}$
4. $\begin{array}{r} 47 \\ \times\ \ 6 \\ \hline \end{array}$
5. $\begin{array}{r} 58 \\ \times\ \ 6 \\ \hline \end{array}$
6. $\begin{array}{r} 24 \\ \times\ \ 6 \\ \hline \end{array}$
7. $\begin{array}{r} 35 \\ \times\ \ 6 \\ \hline \end{array}$
8. $\begin{array}{r} 46 \\ \times\ \ 6 \\ \hline \end{array}$
9. $\begin{array}{r} 57 \\ \times\ \ 6 \\ \hline \end{array}$
10. $\begin{array}{r} 69 \\ \times\ \ 6 \\ \hline \end{array}$
11. $\begin{array}{r} 41 \\ \times\ \ 6 \\ \hline \end{array}$
12. $\begin{array}{r} 52 \\ \times\ \ 6 \\ \hline \end{array}$
13. $\begin{array}{r} 63 \\ \times\ \ 6 \\ \hline \end{array}$
14. $\begin{array}{r} 74 \\ \times\ \ 6 \\ \hline \end{array}$
15. $\begin{array}{r} 85 \\ \times\ \ 6 \\ \hline \end{array}$
16. $\begin{array}{r} 54 \\ \times\ \ 6 \\ \hline \end{array}$
17. $\begin{array}{r} 65 \\ \times\ \ 6 \\ \hline \end{array}$
18. $\begin{array}{r} 76 \\ \times\ \ 6 \\ \hline \end{array}$
19. $\begin{array}{r} 87 \\ \times\ \ 6 \\ \hline \end{array}$
20. $\begin{array}{r} 99 \\ \times\ \ 6 \\ \hline \end{array}$

6をかける計算をひっ算でれんしゅうしよう。

点

13 2けた×6，×7

むずかしさ ★★☆

月 日	名前	はじめ 時 分	おわり 時 分

1 かけ算をしましょう。〔1もん 2点〕

① 31×6	⑥ 11×7	⑪ 21×7	⑯ 31×7
② 42×6	⑦ 13×7	⑫ 24×7	⑰ 43×7
③ 53×6	⑧ 15×7	⑬ 25×7	⑱ 55×7
④ 66×6	⑨ 17×7	⑭ 36×7	⑲ 67×7
⑤ 77×6	⑩ 19×7	⑮ 49×7	⑳ 79×7

©くもん出版

2 かけ算をしましょう。 〔1もん 3点〕

❶ 14×7

❷ 25×7

❸ 36×7

❹ 47×7

❺ 58×7

❻ 24×7

❼ 35×7

❽ 46×7

❾ 57×7

❿ 69×7

⓫ 41×7

⓬ 52×7

⓭ 63×7

⓮ 74×7

⓯ 85×7

⓰ 54×7

⓱ 65×7

⓲ 76×7

⓳ 87×7

⓴ 99×7

7をかける計算をひっ算でれんしゅうしよう。

点

14 2けた×7，×8

むずかしさ ★★☆

月　日　名前　はじめ　時　分　おわり　時　分

1 かけ算(ざん)をしましょう。〔1もん　2点(てん)〕

① 31×7

② 42×7

③ 53×7

④ 66×7

⑤ 77×7

⑥ 11×8

⑦ 13×8

⑧ 15×8

⑨ 17×8

⑩ 19×8

⑪ 21×8

⑫ 24×8

⑬ 26×8

⑭ 37×8

⑮ 49×8

⑯ 31×8

⑰ 43×8

⑱ 55×8

⑲ 67×8

⑳ 79×8

2 かけ算をしましょう。

❶ 　14
　×　8

❷ 　25
　×　8

❸ 　36
　×　8

❹ 　47
　×　8

❺ 　58
　×　8

❻ 　24
　×　8

❼ 　35
　×　8

❽ 　46
　×　8

❾ 　57
　×　8

❿ 　69
　×　8

⓫ 　42
　×　8

⓬ 　53
　×　8

⓭ 　64
　×　8

⓮ 　75
　×　8

⓯ 　86
　×　8

⓰ 　54
　×　8

⓱ 　65
　×　8

⓲ 　76
　×　8

⓳ 　87
　×　8

⓴ 　99
　×　8

©くもん出版

28　　8をかける計算をひっ算でれんしゅうしよう。

点

15 2けた×8，×9

むずかしさ ★★☆

月　日　名前　はじめ　時　分　おわり　時　分

1 かけ算をしましょう。　〔1もん　2点〕

① 31×8	⑥ 11×9	⑪ 21×9	⑯ 31×9
② 42×8	⑦ 13×9	⑫ 24×9	⑰ 43×9
③ 53×8	⑧ 15×9	⑬ 26×9	⑱ 55×9
④ 66×8	⑨ 17×9	⑭ 37×9	⑲ 67×9
⑤ 77×8	⑩ 19×9	⑮ 49×9	⑳ 79×9

2 かけ算をしましょう。

〔1もん　3点〕

❶　　14
　　×　9
－－－－－

❻　　24
　　×　9
－－－－－

⑪　　41
　　×　9
－－－－－

⑯　　54
　　×　9
－－－－－

❷　　25
　　×　9
－－－－－

❼　　35
　　×　9
－－－－－

⑫　　52
　　×　9
－－－－－

⑰　　65
　　×　9
－－－－－

❸　　36
　　×　9
－－－－－

❽　　46
　　×　9
－－－－－

⑬　　63
　　×　9
－－－－－

⑱　　76
　　×　9
－－－－－

❹　　47
　　×　9
－－－－－

❾　　57
　　×　9
－－－－－

⑭　　74
　　×　9
－－－－－

⑲　　87
　　×　9
－－－－－

❺　　58
　　×　9
－－－－－

⑩　　69
　　×　9
－－－－－

⑮　　85
　　×　9
－－－－－

⑳　　99
　　×　9
－－－－－

9をかける計算をひっ算でれんしゅうしよう。

点

16 2けた×1けた(1)

むずかしさ ★★☆

月　日	名前	はじめ　時　分	おわり　時　分

1 計算(けいさん)をしましょう。　〔1もん　2点(てん)〕

① $\begin{array}{r} 20 \\ \times\ \ 2 \\ \hline \end{array}$

② $\begin{array}{r} 20 \\ \times\ \ 3 \\ \hline \end{array}$

③ $\begin{array}{r} 30 \\ \times\ \ 4 \\ \hline \end{array}$

④ $\begin{array}{r} 30 \\ \times\ \ 5 \\ \hline \end{array}$

⑤ $\begin{array}{r} 30 \\ \times\ \ 6 \\ \hline \end{array}$

⑥ $\begin{array}{r} 40 \\ \times\ \ 5 \\ \hline \end{array}$

⑦ $\begin{array}{r} 40 \\ \times\ \ 6 \\ \hline \end{array}$

⑧ $\begin{array}{r} 40 \\ \times\ \ 7 \\ \hline \end{array}$

⑨ $\begin{array}{r} 50 \\ \times\ \ 8 \\ \hline \end{array}$

⑩ $\begin{array}{r} 50 \\ \times\ \ 9 \\ \hline \end{array}$

⑪ $\begin{array}{r} 60 \\ \times\ \ 3 \\ \hline \end{array}$

⑫ $\begin{array}{r} 60 \\ \times\ \ 4 \\ \hline \end{array}$

⑬ $\begin{array}{r} 70 \\ \times\ \ 5 \\ \hline \end{array}$

⑭ $\begin{array}{r} 70 \\ \times\ \ 6 \\ \hline \end{array}$

⑮ $\begin{array}{r} 70 \\ \times\ \ 7 \\ \hline \end{array}$

⑯ $\begin{array}{r} 80 \\ \times\ \ 4 \\ \hline \end{array}$

⑰ $\begin{array}{r} 80 \\ \times\ \ 5 \\ \hline \end{array}$

⑱ $\begin{array}{r} 80 \\ \times\ \ 6 \\ \hline \end{array}$

⑲ $\begin{array}{r} 90 \\ \times\ \ 7 \\ \hline \end{array}$

⑳ $\begin{array}{r} 90 \\ \times\ \ 8 \\ \hline \end{array}$

2 計算をしましょう。

〔1もん　3点〕

① 　　32
　　×　1

② 　　45
　　×　2

③ 　　58
　　×　3

④ 　　76
　　×　4

⑤ 　　78
　　×　5

⑥ 　　32
　　×　3

⑦ 　　42
　　×　4

⑧ 　　57
　　×　7

⑨ 　　59
　　×　8

⑩ 　　68
　　×　9

⑪ 　　35
　　×　2

⑫ 　　46
　　×　3

⑬ 　　45
　　×　4

⑭ 　　65
　　×　5

⑮ 　　77
　　×　6

⑯ 　　74
　　×　4

⑰ 　　86
　　×　5

⑱ 　　96
　　×　7

⑲ 　　97
　　×　8

⑳ 　　78
　　×　9

2けたの数に1けたの数をかける計算をひっ算
でれんしゅうしよう。

点

17 2けた×1けた(2)

むずかしさ ★★☆

月　日	名前	はじめ　時　分	おわり　時　分

1 計算(けいさん)をしましょう。 〔1もん　2点(てん)〕

❶ 25×2

❷ 36×3

❸ 39×4

❹ 46×5

❺ 57×6

❻ 35×4

❼ 36×5

❽ 45×7

❾ 56×8

❿ 67×9

⓫ 16×4

⓬ 28×5

⓭ 24×6

⓮ 37×7

⓯ 42×8

⓰ 39×6

⓱ 34×7

⓲ 47×8

⓳ 56×9

⓴ 68×9

2 計算をしましょう。

〔1もん 3点〕

① 46
× 2

② 45
× 4

③ 65
× 6

④ 56
× 7

⑤ 67
× 8

⑥ 26
× 3

⑦ 48
× 5

⑧ 57
× 7

⑨ 68
× 8

⑩ 87
× 9

⑪ 59
× 4

⑫ 67
× 6

⑬ 63
× 7

⑭ 73
× 8

⑮ 78
× 9

⑯ 65
× 5

⑰ 76
× 6

⑱ 84
× 7

⑲ 68
× 8

⑳ 99
× 9

2けたの数に1けたの数をかける計算をひっ算でれんしゅうしよう。

点

18

2けた×1けた（3）

むずかしさ ★★ ☆

| 月 日 | 名前 | はじめ 時 分 | おわり 時 分 |

1 計算をしましょう。　　　　　　　　　　　　　　〔1もん　2点〕

❶ 　37
　×　2

❻ 　32
　×　5

⓫ 　43
　×　4

⓰ 　39
　×　5

❷ 　24
　×　6

❼ 　23
　×　7

⓬ 　46
　×　6

⓱ 　49
　×　7

❸ 　42
　×　7

❽ 　38
　×　8

⓭ 　57
　×　7

⓲ 　59
　×　8

❹ 　65
　×　8

❾ 　47
　×　8

⓮ 　76
　×　8

⓳ 　74
　×　9

❺ 　59
　×　9

❿ 　64
　×　9

⓯ 　88
　×　9

⓴ 　68
　×　9

2 計算をしましょう。 〔1もん 3点〕

① 35 × 4

② 64 × 5

③ 56 × 6

④ 69 × 6

⑤ 64 × 7

⑥ 79 × 7

⑦ 32 × 8

⑧ 86 × 8

⑨ 67 × 9

⑩ 79 × 9

⑪ 74 × 6

⑫ 76 × 6

⑬ 75 × 7

⑭ 76 × 7

⑮ 69 × 7

⑯ 97 × 8

⑰ 62 × 8

⑱ 63 × 8

⑲ 68 × 9

⑳ 98 × 9

まちがえたもんだいは、もう一どやりなおして
みよう。

点

19 2けた×1けた(4)

むずかしさ ★★☆

月　日	名前	はじめ　時　分	おわり　時　分

1 計算(けいさん)をしましょう。　〔1もん　2点(てん)〕

❶ $\begin{array}{r} 24 \\ \times\ \ 2 \\ \hline \end{array}$

❷ $\begin{array}{r} 35 \\ \times\ \ 3 \\ \hline \end{array}$

❸ $\begin{array}{r} 59 \\ \times\ \ 4 \\ \hline \end{array}$

❹ $\begin{array}{r} 86 \\ \times\ \ 5 \\ \hline \end{array}$

❺ $\begin{array}{r} 54 \\ \times\ \ 6 \\ \hline \end{array}$

❻ $\begin{array}{r} 73 \\ \times\ \ 7 \\ \hline \end{array}$

❼ $\begin{array}{r} 89 \\ \times\ \ 8 \\ \hline \end{array}$

❽ $\begin{array}{r} 95 \\ \times\ \ 9 \\ \hline \end{array}$

❾ $\begin{array}{r} 55 \\ \times\ \ 6 \\ \hline \end{array}$

❿ $\begin{array}{r} 89 \\ \times\ \ 7 \\ \hline \end{array}$

⓫ $\begin{array}{r} 86 \\ \times\ \ 9 \\ \hline \end{array}$

⓬ $\begin{array}{r} 35 \\ \times\ \ 3 \\ \hline \end{array}$

⓭ $\begin{array}{r} 66 \\ \times\ \ 6 \\ \hline \end{array}$

⓮ $\begin{array}{r} 67 \\ \times\ \ 7 \\ \hline \end{array}$

⓯ $\begin{array}{r} 87 \\ \times\ \ 8 \\ \hline \end{array}$

⓰ $\begin{array}{r} 78 \\ \times\ \ 9 \\ \hline \end{array}$

⓱ 41×2＝

⓲ 52×3＝

⓳ 61×7＝

⓴ 90×8＝

2　計算(けいさん)をしましょう。　〔1もん　3点(てん)〕

❶ $\begin{array}{r} 54 \\ \times\ \ 6 \\ \hline \end{array}$

❷ $\begin{array}{r} 45 \\ \times\ \ 7 \\ \hline \end{array}$

❸ $\begin{array}{r} 34 \\ \times\ \ 9 \\ \hline \end{array}$

❹ $\begin{array}{r} 82 \\ \times\ \ 9 \\ \hline \end{array}$

❺ $\begin{array}{r} 63 \\ \times\ \ 8 \\ \hline \end{array}$

❻ $\begin{array}{r} 57 \\ \times\ \ 7 \\ \hline \end{array}$

❼ $\begin{array}{r} 45 \\ \times\ \ 6 \\ \hline \end{array}$

❽ $\begin{array}{r} 29 \\ \times\ \ 5 \\ \hline \end{array}$

❾ $\begin{array}{r} 62 \\ \times\ \ 4 \\ \hline \end{array}$

❿ $\begin{array}{r} 95 \\ \times\ \ 5 \\ \hline \end{array}$

⓫ $\begin{array}{r} 35 \\ \times\ \ 7 \\ \hline \end{array}$

⓬ $\begin{array}{r} 84 \\ \times\ \ 6 \\ \hline \end{array}$

⓭ $\begin{array}{r} 72 \\ \times\ \ 7 \\ \hline \end{array}$

⓮ $\begin{array}{r} 39 \\ \times\ \ 9 \\ \hline \end{array}$

⓯ $\begin{array}{r} 56 \\ \times\ \ 8 \\ \hline \end{array}$

⓰ $\begin{array}{r} 94 \\ \times\ \ 9 \\ \hline \end{array}$

⓱ 34×2＝

⓲ 45×3＝

⓳ 60×9＝

⓴ 56×5＝

2けたの数(かず)に1けたの数(かず)をかける計算(けいさん)をひっ算(さん)でれんしゅうしよう。

点

20 2けた×1けた(5)

むずかしさ ★★☆

月　日	名前	はじめ　時　分	おわり　時　分

1 計算(けいさん)をしましょう。　〔1もん　2点(てん)〕

❶ $\begin{array}{r} 23 \\ \times\ \ 3 \\ \hline \end{array}$

❷ $\begin{array}{r} 43 \\ \times\ \ 5 \\ \hline \end{array}$

❸ $\begin{array}{r} 65 \\ \times\ \ 6 \\ \hline \end{array}$

❹ $\begin{array}{r} 79 \\ \times\ \ 8 \\ \hline \end{array}$

❺ $\begin{array}{r} 24 \\ \times\ \ 4 \\ \hline \end{array}$

❻ $\begin{array}{r} 54 \\ \times\ \ 6 \\ \hline \end{array}$

❼ $\begin{array}{r} 85 \\ \times\ \ 8 \\ \hline \end{array}$

❽ $\begin{array}{r} 96 \\ \times\ \ 9 \\ \hline \end{array}$

❾ $\begin{array}{r} 23 \\ \times\ \ 5 \\ \hline \end{array}$

❿ $\begin{array}{r} 48 \\ \times\ \ 7 \\ \hline \end{array}$

⓫ $\begin{array}{r} 38 \\ \times\ \ 8 \\ \hline \end{array}$

⓬ $\begin{array}{r} 43 \\ \times\ \ 9 \\ \hline \end{array}$

⓭ $\begin{array}{r} 54 \\ \times\ \ 8 \\ \hline \end{array}$

⓮ $\begin{array}{r} 79 \\ \times\ \ 8 \\ \hline \end{array}$

⓯ $\begin{array}{r} 76 \\ \times\ \ 7 \\ \hline \end{array}$

⓰ $\begin{array}{r} 89 \\ \times\ \ 4 \\ \hline \end{array}$

⓱ 37×6＝

⓲ 48×5＝

⓳ 59×7＝

⓴ 59×4＝

2 計算をしましょう。 〔1もん　3点〕

❶ $\begin{array}{r} 83 \\ \times\ \ 5 \\ \hline \end{array}$

❷ $\begin{array}{r} 75 \\ \times\ \ 6 \\ \hline \end{array}$

❸ $\begin{array}{r} 36 \\ \times\ \ 9 \\ \hline \end{array}$

❹ $\begin{array}{r} 64 \\ \times\ \ 8 \\ \hline \end{array}$

❺ $\begin{array}{r} 19 \\ \times\ \ 9 \\ \hline \end{array}$

❻ $\begin{array}{r} 58 \\ \times\ \ 8 \\ \hline \end{array}$

❼ $\begin{array}{r} 39 \\ \times\ \ 7 \\ \hline \end{array}$

❽ $\begin{array}{r} 26 \\ \times\ \ 6 \\ \hline \end{array}$

❾ $\begin{array}{r} 92 \\ \times\ \ 5 \\ \hline \end{array}$

❿ $\begin{array}{r} 79 \\ \times\ \ 6 \\ \hline \end{array}$

⓫ $\begin{array}{r} 39 \\ \times\ \ 9 \\ \hline \end{array}$

⓬ $\begin{array}{r} 74 \\ \times\ \ 8 \\ \hline \end{array}$

⓭ $\begin{array}{r} 34 \\ \times\ \ 9 \\ \hline \end{array}$

⓮ $\begin{array}{r} 95 \\ \times\ \ 5 \\ \hline \end{array}$

⓯ $\begin{array}{r} 72 \\ \times\ \ 7 \\ \hline \end{array}$

⓰ $\begin{array}{r} 69 \\ \times\ \ 8 \\ \hline \end{array}$

⓱ $57 \times 3 =$

⓲ $68 \times 2 =$

⓳ $68 \times 4 =$

⓴ $39 \times 6 =$

まちがえたもんだいは，もう一どやりなおしてみよう。

点

21 3けた×1けた(1)

むずかしさ ★★☆

月　日　名前　はじめ　時　分　おわり　時　分

1 計算(けいさん)をしましょう。　〔1もん　2点(てん)〕

❶ 210×3 = □□□

❷ 120×4

❸ 340×2

❹ 310×3

❺ 413×2

❻ 122×3

❼ 112×4

❽ 212×4

❾ 231×3

❿ 323×3

⓫ 200×4 = □□□

⓬ 203×2

⓭ 203×3

⓮ 203×4 = □□□

⓯ 105×5

⓰ 307×2

⓱ 307×3

⓲ 508×3 = □□□□

⓳ 608×4

⓴ 609×5

2 計算をしましょう。

〔1もん　3点〕

1. 113×2
2. 114×3
3. 116×5
4. 213×4
5. 214×3
6. 215×4
7. 216×2
8. 217×3
9. 218×5
10. 219×6
11. 314×5
12. 314×6
13. 317×4
14. 413×4
15. 416×5
16. 512×3
17. 515×5
18. 516×6
19. 517×3
20. 518×4

3けたの数に1けたの数をかける計算をひっ算でれんしゅうしよう。

点

22 3けた×1けた(2)

むずかしさ ★★☆

月　日　名前　はじめ　時　分　おわり　時　分

1 計算をしましょう。　〔1もん　2点〕

❶ 119×3	❻ 316×5	⓫ 413×6	⓰ 519×5
❷ 223×4	❼ 316×6	⓬ 414×5	⓱ 612×8
❸ 229×3	❽ 317×4	⓭ 416×6	⓲ 613×6
❹ 316×3	❾ 323×4	⓮ 518×3	⓳ 613×7
❺ 316×4	❿ 416×5	⓯ 519×4	⓴ 615×4

2 計算をしましょう。 〔1もん 3点〕

① 120 × 4

② 130 × 5

③ 140 × 6

④ 330 × 6

⑤ 570 × 6

⑥ 507 × 6

⑦ 608 × 7

⑧ 709 × 8

⑨ 807 × 7

⑩ 906 × 6

⑪ 231 × 4

⑫ 243 × 3

⑬ 252 × 3

⑭ 283 × 3

⑮ 372 × 2

⑯ 232 × 5

⑰ 261 × 6

⑱ 271 × 7

⑲ 321 × 8

⑳ 341 × 9

3けたの数に1けたの数をかける計算をひっ算でれんしゅうしよう。

44

点

23 3けた×1けた(3)

むずかしさ ★★☆

月　日　名前　はじめ　時　分　おわり　時　分

1 計算(けいさん)をしましょう。〔1もん　2点(てん)〕

❶ 243×2	❻ 245×5	⓫ 254×2	⓰ 264×5
❷ 243×3	❼ 245×6	⓬ 254×3	⓱ 264×6
❸ 243×4	❽ 245×7	⓭ 254×4	⓲ 264×7
❹ 243×5	❾ 245×8	⓮ 254×5	⓳ 264×8
❺ 243×6	❿ 245×9	⓯ 254×6	⓴ 264×9

©くもん出版

2 <ruby>計算<rt>けいさん</rt></ruby>をしましょう。　　　　　〔1もん　3<ruby>点<rt>てん</rt></ruby>〕

① 　240
　×　　2

⑥ 　304
　×　　5

⑪ 　348
　×　　2

⑯ 　349
　×　　5

② 　240
　×　　3

⑦ 　304
　×　　6

⑫ 　348
　×　　3

⑰ 　349
　×　　6

③ 　240
　×　　4

⑧ 　304
　×　　7

⑬ 　348
　×　　4

⑱ 　349
　×　　7

④ 　240
　×　　5

⑨ 　304
　×　　8

⑭ 　348
　×　　5

⑲ 　349
　×　　8

⑤ 　240
　×　　6

⑩ 　304
　×　　9

⑮ 　348
　×　　6

⑳ 　349
　×　　9

まちがえたもんだいは，もう<ruby>一<rt>いち</rt></ruby>どやりなおして
みよう。

点

24 3けた×1けた(4)

むずかしさ ★★☆

月　日　名前　はじめ　時　分　おわり　時　分

1 計算をしましょう。〔1もん　2点〕

❶ $\begin{array}{r} 365 \\ \times \quad 5 \\ \hline \end{array}$

❷ $\begin{array}{r} 372 \\ \times \quad 3 \\ \hline \end{array}$

❸ $\begin{array}{r} 382 \\ \times \quad 3 \\ \hline \end{array}$

❹ $\begin{array}{r} 383 \\ \times \quad 8 \\ \hline \end{array}$

❺ $\begin{array}{r} 384 \\ \times \quad 6 \\ \hline \end{array}$

❻ $\begin{array}{r} 388 \\ \times \quad 4 \\ \hline \end{array}$

❼ $\begin{array}{r} 392 \\ \times \quad 4 \\ \hline \end{array}$

❽ $\begin{array}{r} 423 \\ \times \quad 3 \\ \hline \end{array}$

❾ $\begin{array}{r} 431 \\ \times \quad 7 \\ \hline \end{array}$

❿ $\begin{array}{r} 443 \\ \times \quad 5 \\ \hline \end{array}$

⓫ $\begin{array}{r} 454 \\ \times \quad 6 \\ \hline \end{array}$

⓬ $\begin{array}{r} 466 \\ \times \quad 9 \\ \hline \end{array}$

⓭ $\begin{array}{r} 478 \\ \times \quad 7 \\ \hline \end{array}$

⓮ $\begin{array}{r} 483 \\ \times \quad 9 \\ \hline \end{array}$

⓯ $\begin{array}{r} 519 \\ \times \quad 9 \\ \hline \end{array}$

⓰ $\begin{array}{r} 540 \\ \times \quad 7 \\ \hline \end{array}$

⓱ $\begin{array}{r} 579 \\ \times \quad 4 \\ \hline \end{array}$

⓲ $\begin{array}{r} 598 \\ \times \quad 5 \\ \hline \end{array}$

⓳ $\begin{array}{r} 614 \\ \times \quad 7 \\ \hline \end{array}$

⓴ $\begin{array}{r} 627 \\ \times \quad 8 \\ \hline \end{array}$

2 計算をしましょう。

〔1もん　3点〕

❶ 635×2

❷ 635×3

❸ 635×4

❹ 635×5

❺ 635×6

❻ 635×7

❼ 635×8

❽ 635×9

❾ 646×5

❿ 647×7

⓫ 716×7

⓬ 726×7

⓭ 727×4

⓮ 736×8

⓯ 747×9

⓰ 848×3

⓱ 859×3

⓲ 916×9

⓳ 927×6

⓴ 959×5

まちがえたもんだいは，もう一どやりなおしてみよう。

点

25 4けた×1けた

むずかしさ ★★★

月　日　名前　はじめ　時　分　おわり　時　分

1 計算(けいさん)をしましょう。

〔1もん　4点(てん)〕

❶ 3210×2 = □□□□

❷ 3210×4 = □□□□□

❸ 3210×7

❹ 4321×3

❺ 4321×6

❻ 4321×8

❼ 3041×4

❽ 3041×5

❾ 3041×7

❿ 4395×2

⓫ 4395×4

⓬ 4395×9

2 計算をしましょう。

〔1もん　4点〕

❶ 3079 × 2

❷ 3079 × 4

❸ 3079 × 6

❹ 5615 × 3

❺ 5615 × 5

❻ 5615 × 7

❼ 2468 × 4

❽ 2468 × 6

❾ 2468 × 8

❿ 2589 × 3

⓫ 2589 × 5

⓬ 2589 × 7

⓭ 2589 × 9

4けたの数に1けたの数をかける計算をひっ算でれんしゅうしよう。

点

26 2けた×2けた(1)

むずかしさ ★★☆

月　日　名前　はじめ　時　分　おわり　時　分

1 計算(けいさん)をしましょう。〔1もん　4点(てん)〕

❶
```
   31
 × 64
 ----
  124   ← 31×4
 186    ← 31×6
 ----
 1984   ← たし算(ざん)
```

❷
```
   41
 × 63
```

❸
```
   32
 × 56
```

❹
```
   42
 × 34
```

❺
```
   32
 × 64
```

❻
```
   42
 × 56
```

❼
```
   43
 × 43
```

❽
```
   34
 × 21
```

❾
```
   32
 × 23
```

❿
```
   24
 × 13
```

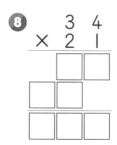

2 計算をしましょう。

〔1もん　4点〕

❶ $\begin{array}{r} 32 \\ \times\ 14 \\ \hline \end{array}$

❷ $\begin{array}{r} 32 \\ \times 24 \\ \hline \end{array}$

❸ $\begin{array}{r} 32 \\ \times 25 \\ \hline \end{array}$

❹ $\begin{array}{r} 32 \\ \times\ 41 \\ \hline \end{array}$

❺ $\begin{array}{r} 32 \\ \times 42 \\ \hline \end{array}$

❻ $\begin{array}{r} 32 \\ \times 52 \\ \hline \end{array}$

❼ $\begin{array}{r} 32 \\ \times 45 \\ \hline \end{array}$

❽ $\begin{array}{r} 32 \\ \times 65 \\ \hline \end{array}$

❾ $\begin{array}{r} 23 \\ \times 45 \\ \hline \end{array}$

❿ $\begin{array}{r} 23 \\ \times 65 \\ \hline \end{array}$

⓫ $\begin{array}{r} 23 \\ \times 67 \\ \hline \end{array}$

⓬ $\begin{array}{r} 32 \\ \times 46 \\ \hline \end{array}$

⓭ $\begin{array}{r} 32 \\ \times 53 \\ \hline \end{array}$

⓮ $\begin{array}{r} 40 \\ \times 85 \\ \hline \end{array}$

⓯ $\begin{array}{r} 40 \\ \times 79 \\ \hline \end{array}$

2けたの数どうしのかけ算をれんしゅうしよう。

点

27 2けた×2けた(2)

むずかしさ ★★☆

月　日　名前　はじめ　時　分　おわり　時　分

1 計算をしましょう。〔1もん　4点〕

❶ $\begin{array}{r} 23 \\ \times 22 \\ \hline \end{array}$

❷ $\begin{array}{r} 23 \\ \times 24 \\ \hline \end{array}$

❸ $\begin{array}{r} 23 \\ \times 26 \\ \hline \end{array}$

❹ $\begin{array}{r} 23 \\ \times 28 \\ \hline \end{array}$

❺ $\begin{array}{r} 23 \\ \times 33 \\ \hline \end{array}$

❻ $\begin{array}{r} 23 \\ \times 53 \\ \hline \end{array}$

❼ $\begin{array}{r} 23 \\ \times 64 \\ \hline \end{array}$

❽ $\begin{array}{r} 23 \\ \times 75 \\ \hline \end{array}$

❾ $\begin{array}{r} 23 \\ \times 86 \\ \hline \end{array}$

❿ $\begin{array}{r} 23 \\ \times 97 \\ \hline \end{array}$

2 計算をしましょう。 〔1もん 4点〕

① 32
 ×25

② 32
 ×33

③ 32
 ×47

④ 32
 ×49

⑤ 32
 ×51

⑥ 42
 ×23

⑦ 42
 ×24

⑧ 42
 ×26

⑨ 42
 ×27

⑩ 42
 ×33

⑪ 42
 ×34

⑫ 42
 ×36

⑬ 42
 ×37

⑭ 42
 ×43

⑮ 42
 ×46

2けたの数どうしのかけ算をれんしゅうしよう。

点

28 2けた×2けた(3)

むずかしさ ★★☆

月　日　名前　はじめ　時　分　おわり　時　分

1 計算(けいさん)をしましょう。

〔1もん　4点(てん)〕

❶ $\begin{array}{r} 24 \\ \times 23 \\ \hline \end{array}$

❷ $\begin{array}{r} 24 \\ \times 25 \\ \hline \end{array}$

❸ $\begin{array}{r} 24 \\ \times 27 \\ \hline \end{array}$

❹ $\begin{array}{r} 24 \\ \times 29 \\ \hline \end{array}$

❺ $\begin{array}{r} 24 \\ \times 34 \\ \hline \end{array}$

❻ $\begin{array}{r} 24 \\ \times 45 \\ \hline \end{array}$

❼ $\begin{array}{r} 24 \\ \times 56 \\ \hline \end{array}$

❽ $\begin{array}{r} 24 \\ \times 67 \\ \hline \end{array}$

❾ $\begin{array}{r} 24 \\ \times 78 \\ \hline \end{array}$

❿ $\begin{array}{r} 24 \\ \times 89 \\ \hline \end{array}$

2 計算をしましょう。 〔1もん 4点〕

1. 34×25
2. 34×46
3. 34×67
4. 34×89
5. 41×21
6. 41×42
7. 41×63
8. 41×84
9. 52×24
10. 52×46
11. 52×57
12. 52×79
13. 53×27
14. 53×62
15. 53×84

©くもん出版

まちがえたもんだいは，もう一どやりなおしてみよう。

点

29 2けた×2けた(4)

むずかしさ ★★☆

月　日　名前

はじめ　時　分　おわり　時　分

1 計算をしましょう。〔1もん　4点〕

❶ $\begin{array}{r} 52 \\ \times 24 \\ \hline \end{array}$

❷ $\begin{array}{r} 52 \\ \times 46 \\ \hline \end{array}$

❸ $\begin{array}{r} 52 \\ \times 57 \\ \hline \end{array}$

❹ $\begin{array}{r} 52 \\ \times 79 \\ \hline \end{array}$

❺ $\begin{array}{r} 62 \\ \times 24 \\ \hline \end{array}$

❻ $\begin{array}{r} 62 \\ \times 46 \\ \hline \end{array}$

❼ $\begin{array}{r} 62 \\ \times 57 \\ \hline \end{array}$

❽ $\begin{array}{r} 62 \\ \times 79 \\ \hline \end{array}$

❾ $\begin{array}{r} 43 \\ \times 46 \\ \hline \end{array}$

❿ $\begin{array}{r} 43 \\ \times 79 \\ \hline \end{array}$

2 計算をしましょう。

〔1もん　4点〕

① 72
　×33

② 72
　×43

③ 83
　×22

④ 83
　×55

⑤ 33
　×72

⑥ 43
　×72

⑦ 22
　×83

⑧ 55
　×83

⑨ 54
　×82

⑩ 65
　×82

⑪ 76
　×82

⑫ 87
　×82

⑬ 82
　×56

⑭ 82
　×65

⑮ 82
　×76

まちがえたもんだいは，もう一どやりなおして
みよう。

点

30 2けた×2けた（5）

むずかしさ ★★☆

月　日　名前

はじめ　時　分　おわり　時　分

1 計算をしましょう。　〔1もん　4点〕

❶ $\begin{array}{r} 50 \\ \times 13 \\ \hline \end{array}$

❷ $\begin{array}{r} 50 \\ \times 24 \\ \hline \end{array}$

❸ $\begin{array}{r} 50 \\ \times 35 \\ \hline \end{array}$

❹ $\begin{array}{r} 50 \\ \times 46 \\ \hline \end{array}$

❺ $\begin{array}{r} 40 \\ \times 54 \\ \hline \end{array}$

❻ $\begin{array}{r} 40 \\ \times 65 \\ \hline \end{array}$

❼ $\begin{array}{r} 40 \\ \times 76 \\ \hline \end{array}$

❽ $\begin{array}{r} 40 \\ \times 87 \\ \hline \end{array}$

❾ $\begin{array}{r} 30 \\ \times 81 \\ \hline \end{array}$

❿ $\begin{array}{r} 30 \\ \times 93 \\ \hline \end{array}$

2 計算をしましょう。 〔1もん 4点〕

① 　36
　×22

② 　36
　×33

③ 　36
　×44

④ 　36
　×55

⑤ 　61
　×16

⑥ 　62
　×17

⑦ 　63
　×18

⑧ 　64
　×19

⑨ 　65
　×33

⑩ 　65
　×44

⑪ 　65
　×55

⑫ 　65
　×66

⑬ 　65
　×77

⑭ 　65
　×88

⑮ 　65
　×99

まちがえたもんだいは，もう一どやりなおしてみよう。

60

点

31 2けた×2けた(6)

むずかしさ ★★☆

月　日　名前　はじめ　時　分　おわり　時　分

1 計算(けいさん)をしましょう。〔1もん　4点(てん)〕

❶ 64×27

❷ 64×38

❸ 64×49

❹ 64×58

❺ 64×61

❻ 53×32

❼ 42×23

❽ 64×73

❾ 62×84

❿ 60×95

2 計算をしましょう。

〔1もん　4点〕

❶ $\begin{array}{r} 38 \\ \times 26 \\ \hline \end{array}$

❷ $\begin{array}{r} 38 \\ \times 37 \\ \hline \end{array}$

❸ $\begin{array}{r} 38 \\ \times 48 \\ \hline \end{array}$

❹ $\begin{array}{r} 38 \\ \times 59 \\ \hline \end{array}$

❺ $\begin{array}{r} 40 \\ \times 24 \\ \hline \end{array}$

❻ $\begin{array}{r} 35 \\ \times 34 \\ \hline \end{array}$

❼ $\begin{array}{r} 46 \\ \times 35 \\ \hline \end{array}$

❽ $\begin{array}{r} 45 \\ \times 36 \\ \hline \end{array}$

❾ $\begin{array}{r} 56 \\ \times 37 \\ \hline \end{array}$

❿ $\begin{array}{r} 39 \\ \times 63 \\ \hline \end{array}$

⓫ $\begin{array}{r} 40 \\ \times 52 \\ \hline \end{array}$

⓬ $\begin{array}{r} 59 \\ \times 49 \\ \hline \end{array}$

⓭ $\begin{array}{r} 62 \\ \times 18 \\ \hline \end{array}$

⓮ $\begin{array}{r} 71 \\ \times 27 \\ \hline \end{array}$

⓯ $\begin{array}{r} 82 \\ \times 36 \\ \hline \end{array}$

まちがえたもんだいは，もう一どやりなおしてみよう。

点

32 2けた×2けた(7)

むずかしさ ★★☆

月　日　名前　はじめ　時　分　おわり　時　分

1 計算(けいさん)をしましょう。　〔1もん　4点(てん)〕

❶ $\begin{array}{r} 46 \\ \times 22 \\ \hline \end{array}$

❷ $\begin{array}{r} 46 \\ \times 33 \\ \hline \end{array}$

❸ $\begin{array}{r} 46 \\ \times 55 \\ \hline \end{array}$

❹ $\begin{array}{r} 46 \\ \times 77 \\ \hline \end{array}$

❺ $\begin{array}{r} 46 \\ \times 99 \\ \hline \end{array}$

❻ $\begin{array}{r} 37 \\ \times 31 \\ \hline \end{array}$

❼ $\begin{array}{r} 37 \\ \times 52 \\ \hline \end{array}$

❽ $\begin{array}{r} 37 \\ \times 63 \\ \hline \end{array}$

❾ $\begin{array}{r} 37 \\ \times 85 \\ \hline \end{array}$

❿ $\begin{array}{r} 37 \\ \times 96 \\ \hline \end{array}$

2 計算をしましょう。

〔1もん　4点〕

① 　63
　×17

② 　63
　×28

③ 　63
　×39

④ 　63
　×45

⑤ 　63
　×51

⑥ 　63
　×62

⑦ 　63
　×73

⑧ 　63
　×84

⑨ 　54
　×27

⑩ 　54
　×38

⑪ 　54
　×49

⑫ 　54
　×56

⑬ 　54
　×61

⑭ 　54
　×72

⑮ 　54
　×83

まちがえたもんだいは，もう一どやりなおして
みよう。

点

33 2けた×2けた(8)

むずかしさ ★★☆

月　日　名前　はじめ　時　分　おわり　時　分

1 計算(けいさん)をしましょう。〔1もん　4点(てん)〕

❶ 75×21

❷ 75×32

❸ 75×43

❹ 75×54

❺ 75×65

❻ 75×76

❼ 75×87

❽ 75×98

❾ 75×19

❿ 75×82

2 計算をしましょう。

〔1もん 4点〕

①
```
   86
×  21
```

②
```
   86
×  32
```

③
```
   86
×  43
```

④
```
   86
×  54
```

⑤
```
   86
×  65
```

⑥
```
   86
×  76
```

⑦
```
   86
×  87
```

⑧
```
   86
×  98
```

⑨
```
   27
×  26
```

⑩
```
   27
×  37
```

⑪
```
   27
×  48
```

⑫
```
   27
×  59
```

⑬
```
   27
×  64
```

⑭
```
   27
×  71
```

⑮
```
   27
×  82
```

©くもん出版

まちがえたもんだいは，もう一どやりなおして
みよう。

点

34 2けた×2けた(9)

むずかしさ ★★☆

月　日　名前　はじめ　時　分　おわり　時　分

1 計算(けいさん)をしましょう。〔1もん　4点(てん)〕

❶ $\begin{array}{r} 31 \\ \times 15 \\ \hline \end{array}$

❷ $\begin{array}{r} 31 \\ \times 37 \\ \hline \end{array}$

❸ $\begin{array}{r} 31 \\ \times 48 \\ \hline \end{array}$

❹ $\begin{array}{r} 31 \\ \times 63 \\ \hline \end{array}$

❺ $\begin{array}{r} 31 \\ \times 74 \\ \hline \end{array}$

❻ $\begin{array}{r} 62 \\ \times 16 \\ \hline \end{array}$

❼ $\begin{array}{r} 62 \\ \times 38 \\ \hline \end{array}$

❽ $\begin{array}{r} 62 \\ \times 49 \\ \hline \end{array}$

❾ $\begin{array}{r} 62 \\ \times 51 \\ \hline \end{array}$

❿ $\begin{array}{r} 62 \\ \times 83 \\ \hline \end{array}$

2 計算をしましょう。　　　　　　　　　　　　〔1もん　4点〕

① 59
　×26

② 59
　×37

③ 59
　×48

④ 59
　×59

⑤ 60
　×59

⑥ 79
　×36

⑦ 79
　×47

⑧ 79
　×58

⑨ 79
　×69

⑩ 79
　×64

⑪ 79
　×75

⑫ 79
　×86

⑬ 79
　×97

⑭ 80
　×79

⑮ 91
　×79

©くもん出版

まちがえたもんだいは，もう一どやりなおして
みよう。

68

点

35 2けた×2けた（10）

むずかしさ ★★☆

月　日　名前　はじめ　時　分　おわり　時　分

1 計算をしましょう。 〔1もん　4点〕

❶ $\begin{array}{r} 23 \\ \times 13 \\ \hline \end{array}$

❷ $\begin{array}{r} 48 \\ \times 59 \\ \hline \end{array}$

❸ $\begin{array}{r} 52 \\ \times 34 \\ \hline \end{array}$

❹ $\begin{array}{r} 93 \\ \times 22 \\ \hline \end{array}$

❺ $\begin{array}{r} 48 \\ \times 82 \\ \hline \end{array}$

❻ $\begin{array}{r} 58 \\ \times 58 \\ \hline \end{array}$

❼ $\begin{array}{r} 64 \\ \times 69 \\ \hline \end{array}$

❽ $\begin{array}{r} 79 \\ \times 74 \\ \hline \end{array}$

❾ $\begin{array}{r} 81 \\ \times 81 \\ \hline \end{array}$

❿ $\begin{array}{r} 93 \\ \times 92 \\ \hline \end{array}$

2 計算をしましょう。 〔1もん　4点〕

❶ $\begin{array}{r} 31 \\ \times 30 \\ \hline \end{array}$

❷ $\begin{array}{r} 31 \\ \times 40 \\ \hline \end{array}$

❸ $\begin{array}{r} 62 \\ \times 49 \\ \hline \end{array}$

❹ $\begin{array}{r} 62 \\ \times 50 \\ \hline \end{array}$

❺ $\begin{array}{r} 63 \\ \times 50 \\ \hline \end{array}$

❻ $\begin{array}{r} 54 \\ \times 59 \\ \hline \end{array}$

❼ $\begin{array}{r} 54 \\ \times 60 \\ \hline \end{array}$

❽ $\begin{array}{r} 25 \\ \times 39 \\ \hline \end{array}$

❾ $\begin{array}{r} 25 \\ \times 40 \\ \hline \end{array}$

❿ $\begin{array}{r} 26 \\ \times 50 \\ \hline \end{array}$

⓫ $\begin{array}{r} 23 \\ \times 51 \\ \hline \end{array}$

⓬ $\begin{array}{r} 12 \\ \times 40 \\ \hline \boxed{4}\boxed{8}0 \end{array}$

⓭ $\begin{array}{r} 43 \\ \times 20 \\ \hline \boxed{}\boxed{}0 \end{array}$

⓮ $\begin{array}{r} 23 \\ \times 40 \\ \hline \end{array}$

⓯ $\begin{array}{r} 30 \\ \times 40 \\ \hline \end{array}$

⓬や⓭のように，とちゅうの計算を書かずに答えだけ書くれんしゅうをしよう。

点

36 3けた×2けた(1)

むずかしさ ★★☆

月　日　名前　はじめ　時　分　おわり　時　分

1 計算(けいさん)をしましょう。　〔1もん　5点(てん)〕

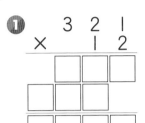

❶
$$\begin{array}{r} 321 \\ \times\ \ 12 \\ \hline \end{array}$$

❷
$$\begin{array}{r} 321 \\ \times\ \ 32 \\ \hline \end{array}$$

❸
$$\begin{array}{r} 321 \\ \times\ \ 24 \\ \hline \end{array}$$

❹
$$\begin{array}{r} 321 \\ \times\ \ 13 \\ \hline \end{array}$$

❺
$$\begin{array}{r} 321 \\ \times\ \ 33 \\ \hline \end{array}$$

❻
$$\begin{array}{r} 321 \\ \times\ \ 27 \\ \hline \end{array}$$

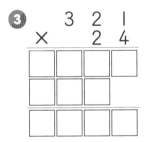

❼
$$\begin{array}{r} 321 \\ \times\ \ 42 \\ \hline \end{array}$$

❽
$$\begin{array}{r} 321 \\ \times\ \ 43 \\ \hline \end{array}$$

2 計算をしましょう。　〔1もん　5点〕

❶
```
  406
×  47
```

❷
```
  406
×  37
```

❸
```
  406
×  48
```

❹
```
  406
×  59
```

❺
```
  406
×  26
```

❻
```
  406
×  71
```

❼
```
  432
×  41
```

❽
```
  432
×  52
```

❾
```
  432
×  63
```

❿
```
  432
×  74
```

⓫
```
  432
×  85
```

⓬
```
  432
×  96
```

3けたの数に2けたの数をかける計算をれんしゅうしよう。

点

37 3けた×2けた(2)

むずかしさ ★★☆

月 日	名前	はじめ 時 分	おわり 時 分

1 計算をしましょう。 〔1もん 5点〕

❶
$$\begin{array}{r} 908 \\ \times \quad 48 \\ \hline \end{array}$$

❷
$$\begin{array}{r} 908 \\ \times \quad 59 \\ \hline \end{array}$$

❸
$$\begin{array}{r} 908 \\ \times \quad 68 \\ \hline \end{array}$$

❹
$$\begin{array}{r} 908 \\ \times \quad 71 \\ \hline \end{array}$$

❺
$$\begin{array}{r} 314 \\ \times \quad 57 \\ \hline \end{array}$$

❻
$$\begin{array}{r} 314 \\ \times \quad 68 \\ \hline \end{array}$$

❼
$$\begin{array}{r} 314 \\ \times \quad 79 \\ \hline \end{array}$$

❽
$$\begin{array}{r} 314 \\ \times \quad 82 \\ \hline \end{array}$$

2 計算をしましょう。

〔1もん　5点〕

❶ 709×22

❺ 280×25

❾ 417×10

❷ 709×44

❻ 280×37

❿ 417×32

❸ 709×66

❼ 280×59

⓫ 417×54

❹ 709×88

❽ 280×60

⓬ 417×65

まちがえたもんだいは，もう一どやりなおしてみよう。

点

38 3けた×3けた(1)

むずかしさ ★★★

月　日　名前　はじめ　時　分　おわり　時　分

1 計算(けいさん)をしましょう。〔1もん　5点(てん)〕

❶
$$\begin{array}{r} 214 \\ \times\ 321 \\ \hline \end{array}$$
（214×3）

❷
$$\begin{array}{r} 214 \\ \times\ 326 \\ \hline \end{array}$$

❸
$$\begin{array}{r} 214 \\ \times\ 353 \\ \hline \end{array}$$

❹
$$\begin{array}{r} 214 \\ \times\ 712 \\ \hline \end{array}$$

❺
$$\begin{array}{r} 312 \\ \times\ 132 \\ \hline \end{array}$$

❻
$$\begin{array}{r} 312 \\ \times\ 135 \\ \hline \end{array}$$

❼
$$\begin{array}{r} 312 \\ \times\ 162 \\ \hline \end{array}$$

❽
$$\begin{array}{r} 312 \\ \times\ 631 \\ \hline \end{array}$$

2 計算(けいさん)をしましょう。

〔1もん　5点(てん)〕

❶
$$\begin{array}{r} 346 \\ \times 123 \\ \hline \end{array}$$

❷
$$\begin{array}{r} 362 \\ \times 234 \\ \hline \end{array}$$

❸
$$\begin{array}{r} 378 \\ \times 345 \\ \hline \end{array}$$

❹
$$\begin{array}{r} 396 \\ \times 456 \\ \hline \end{array}$$

❺
$$\begin{array}{r} 403 \\ \times 377 \\ \hline \end{array}$$

❻
$$\begin{array}{r} 458 \\ \times 425 \\ \hline \end{array}$$

❼
$$\begin{array}{r} 470 \\ \times 458 \\ \hline \end{array}$$

❽
$$\begin{array}{r} 507 \\ \times 514 \\ \hline \end{array}$$

❾
$$\begin{array}{r} 529 \\ \times 562 \\ \hline \end{array}$$

❿
$$\begin{array}{r} 560 \\ \times 623 \\ \hline \end{array}$$

⓫
$$\begin{array}{r} 600 \\ \times 647 \\ \hline \end{array}$$

⓬
$$\begin{array}{r} 700 \\ \times 682 \\ \hline \end{array}$$

まちがえたもんだいは，もう一(いち)どやりなおしてみよう。

点

39 3けた×3けた(2)

むずかしさ ★★★

月 日	名前	はじめ 時 分	おわり 時 分

1 計算(けいさん)をしましょう。

〔1もん 5点(てん)〕

❶ $\begin{array}{r} 213 \\ \times 194 \\ \hline \end{array}$

❷ $\begin{array}{r} 276 \\ \times 204 \\ \hline \end{array}$

❸ $\begin{array}{r} 351 \\ \times 240 \\ \hline \end{array}$

❹ $\begin{array}{r} 423 \\ \times 300 \\ \hline \end{array}$

❺ $\begin{array}{r} 534 \\ \times 408 \\ \hline \end{array}$

❻ $\begin{array}{r} 567 \\ \times 570 \\ \hline \end{array}$

❼ $\begin{array}{r} 629 \\ \times 600 \\ \hline \end{array}$

❽ $\begin{array}{r} 675 \\ \times 705 \\ \hline \end{array}$

❾ $\begin{array}{r} 737 \\ \times 780 \\ \hline \end{array}$

❿ $\begin{array}{r} 792 \\ \times 800 \\ \hline \end{array}$

2 計算をしましょう。

〔1もん　5点〕

❶
$$\begin{array}{r} 207 \\ \times 123 \\ \hline \end{array}$$

❷
$$\begin{array}{r} 309 \\ \times 207 \\ \hline \end{array}$$

❸
$$\begin{array}{r} 406 \\ \times 340 \\ \hline \end{array}$$

❹
$$\begin{array}{r} 608 \\ \times 400 \\ \hline \end{array}$$

❺
$$\begin{array}{r} 380 \\ \times 306 \\ \hline \end{array}$$

❻
$$\begin{array}{r} 490 \\ \times 530 \\ \hline \end{array}$$

❼
$$\begin{array}{r} 560 \\ \times 600 \\ \hline \end{array}$$

❽
$$\begin{array}{r} 400 \\ \times 509 \\ \hline \end{array}$$

❾
$$\begin{array}{r} 700 \\ \times 670 \\ \hline \end{array}$$

❿
$$\begin{array}{r} 900 \\ \times 700 \\ \hline \end{array}$$

まちがえたもんだいは，もう一どやりなおしてみよう。

点

40 3けた×3けた(3)

むずかしさ ★★★

月　日　名前

はじめ　時　分　おわり　時　分

1 計算(けいさん)をしましょう。〔1もん　5点(てん)〕

❶ 106×185

❺ 320×493

❾ 490×876

❷ 187×253

❻ 361×534

❿ 532×934

❸ 218×309

❼ 384×650

❹ 289×426

❽ 457×712

2 計算をしましょう。

〔1もん　5点〕

❶
  585
×400

❷
  618
×352

❸
  693
×274

❹
  706
×168

❺
  749
×671

❻
  781
×537

❼
  800
×479

❽
  837
×978

❾
  924
×816

❿
  992
×763

答えを書きおわったら，見なおしをしよう。
まちがいがなくなるよ。

点

41 3つの数のかけ算

むずかしさ ★★☆

月　日　名前　　　　　はじめ　時　分　おわり　時　分

1　( )の中を先に計算して，答えを出しましょう。　〔1もん　4点〕

上と下の計算をそれぞれくらべてみよう。

❶　(3×2)×6＝
　　3×(2×6)＝

❷　(3×4)×5＝
　　3×(4×5)＝

❸　(15×3)×2＝
　　15×(3×2)＝

❹　(18×6)×5＝
　　18×(6×5)＝

❺　(24×5)×5＝
　　24×(5×5)＝

❻　(27×8)×5＝
　　27×(8×5)＝

❼　(125×2)×3＝
　　125×(2×3)＝

❽　(120×4)×2＝
　　120×(4×2)＝

おぼえておこう

3つの数のかけ算では，はじめの2つの数を先にかけても，あとの2つの数を先にかけても，答えは同じになります。

2　□にあてはまる数字を入れましょう。　〔1もん　2点〕

❶　(6×7)×8＝6×(7×□)

❷　(12×4)×5＝12×(□×5)

❸　(23×6)×9＝□×(6×9)

❹　(27×5)×□＝27×(5×7)

©くもん出版

3 計算をしましょう。 〔1もん　4点〕

❶ 8×5×7＝

❷ 9×4×5＝

❸ 6×7×8＝

❹ 14×2×4＝

❺ 16×6×5＝

❻ 18×5×7＝

❼ 21×3×3＝

❽ 25×4×7＝

❾ 27×5×2＝

❿ 29×4×5＝

⓫ 33×3×2＝

⓬ 150×2×3＝

⓭ 225×2×4＝

⓮ 23×15×4＝

⓯ 25×14×5＝

まちがえたもんだいは，もう一どやりなおしてみよう。

点

42 小数のかけ算(1)

むずかしさ ★★★

月　日　名前　はじめ　時　分　おわり　時　分

1 計算をしましょう。〔1もん　2点〕

れい

$0.3 \times 2 = 0.6$　　$0.3 \times 3 = 0.9$　　$0.3 \times 4 = 1.2$

① $0.4 \times 2 =$

② $0.4 \times 3 =$

③ $0.4 \times 4 =$

④ $0.4 \times 6 =$

⑤ $0.4 \times 8 =$

⑥ $0.4 \times 10 =$

☞4.0としないで4とします。

⑦ $0.6 \times 2 =$

⑧ $0.6 \times 3 =$

⑨ $0.6 \times 4 =$

⑩ $0.6 \times 7 =$

⑪ $0.7 \times 2 =$

⑫ $0.7 \times 4 =$

⑬ $0.7 \times 6 =$

⑭ $0.7 \times 7 =$

⑮ $0.2 \times 3 =$

⑯ $0.2 \times 8 =$

⑰ $0.2 \times 10 =$

⑱ $0.9 \times 4 =$

⑲ $0.9 \times 5 =$

⑳ $0.9 \times 9 =$

小数のかけ算にちょうせんしよう。

2 　計算をしましょう。　　　　　　　　〔1もん　3点〕

① 　0.5 × 4 ＝

② 　0.5 × 7 ＝

③ 　0.5 × 8 ＝

④ 　0.5 × 9 ＝

⑤ 　0.8 × 5 ＝

⑥ 　0.8 × 9 ＝

⑦ 　0.8 × 10 ＝

⑧ 　0.3 × 2 ＝

⑨ 　0.3 × 3 ＝

⑩ 　0.3 × 6 ＝

⑪ 　0.6 × 6 ＝

⑫ 　0.6 × 10 ＝

⑬ 　0.2 × 4 ＝

⑭ 　0.2 × 7 ＝

⑮ 　0.9 × 3 ＝

⑯ 　0.9 × 8 ＝

⑰ 　0.4 × 5 ＝

⑱ 　0.4 × 9 ＝

⑲ 　0.7 × 3 ＝

⑳ 　0.7 × 8 ＝

まちがえたもんだいは，もう一どやりなおして
みよう。

　　　　　　　　　　　　　　　　　　　　点

43 小数のかけ算(2)

むずかしさ ★★★

月　日　名前　　はじめ　時　分　おわり　時　分

1 計算をしましょう。〔1もん　2点〕

れい

$1.2 \times 2 = 2.4$　　$1.2 \times 3 = 3.6$

❶ $1.2 \times 4 =$

❷ $1.2 \times 5 =$　（6.0としないで6とします。）

❸ $1.2 \times 6 =$

❹ $1.2 \times 8 =$

❺ $1.2 \times 10 =$

❻ $2.3 \times 2 =$

❼ $2.3 \times 3 =$

❽ $2.3 \times 5 =$

❾ $2.3 \times 6 =$

❿ $2.3 \times 10 =$

⓫ $1.4 \times 2 =$

⓬ $1.4 \times 3 =$

⓭ $1.4 \times 4 =$

⓮ $1.4 \times 6 =$

⓯ $3.1 \times 2 =$

⓰ $3.1 \times 4 =$

⓱ $3.1 \times 5 =$

⓲ $2.4 \times 3 =$

⓳ $2.4 \times 5 =$

⓴ $2.4 \times 10 =$

小数のかけ算にちょうせんしよう。

2 計算をしましょう。

〔1もん　3点〕

❶ 1.6 × 2 =

❷ 1.6 × 3 =

❸ 1.6 × 4 =

❹ 3.6 × 2 =

❺ 3.6 × 3 =

❻ 3.6 × 4 =

❼ 2.5 × 3 =

❽ 2.5 × 4 =

❾ 3.5 × 3 =

❿ 3.5 × 4 =

⓫ 2.7 × 2 =

⓬ 3.9 × 2 =

⓭ 3.1 × 3 =

⓮ 1.5 × 3 =

⓯ 2.8 × 4 =

⓰ 1.9 × 5 =

⓱ 3.6 × 10 =

⓲ 2.3 × 4 =

⓳ 1.4 × 5 =

⓴ 3.2 × 10 =

まちがえたもんだいは，もう一どやりなおしてみよう。

点

むずかしさ
★★★

月　日　名前

はじめ　時　分　おわり　時　分

1　計算をしましょう。　　　〔1もん　4点〕

• れ　い •		
	① まず，14×3の計算をする。 →	$\begin{array}{r} 14 \\ \times\ 3 \\ \hline 42 \end{array}$
$\begin{array}{r} 1.4 \\ \times\ 3 \\ \hline 4.2 \end{array}$	② つぎに小数点をつける。 →	$\begin{array}{r} 1.4 \\ \times\ 3 \\ \hline 4.2 \end{array}$

❶
$\begin{array}{r} 1.3 \\ \times\ 4 \\ \hline \square.\square \end{array}$

❷
$\begin{array}{r} 1.3 \\ \times\ 6 \\ \hline \end{array}$

❸
$\begin{array}{r} 1.3 \\ \times\ 8 \\ \hline \end{array}$

❹
$\begin{array}{r} 1.6 \\ \times\ 3 \\ \hline \end{array}$

❺
$\begin{array}{r} 1.6 \\ \times\ 5 \\ \hline \square.0 \end{array}$
 8.0としないで
8.0とします。

❻
$\begin{array}{r} 1.8 \\ \times\ 5 \\ \hline \end{array}$

❼
$\begin{array}{r} 2.6 \\ \times\ 8 \\ \hline \end{array}$

❽
$\begin{array}{r} 2.7 \\ \times\ 7 \\ \hline \end{array}$

❾
$\begin{array}{r} 2.9 \\ \times\ 6 \\ \hline \end{array}$

❿
$\begin{array}{r} 3.6 \\ \times\ 4 \\ \hline \end{array}$

⓫
$\begin{array}{r} 3.7 \\ \times\ 9 \\ \hline \end{array}$

⓬
$\begin{array}{r} 4.2 \\ \times\ 9 \\ \hline \end{array}$

⓭
$\begin{array}{r} 4.3 \\ \times\ 5 \\ \hline \end{array}$

©くもん出版

小数のかけ算のひっ算にちょうせんしよう。

2 計算をしましょう。

〔1もん　3点〕

①　　1.2
　　×　　6

②　　5.4
　　×　　3

③　　2.8
　　×　　9

④　　3.5
　　×　　4

⑤　　6.9
　　×　　8

⑥　　7.3
　　×　　7

⑦　　5.8
　　×　　6

⑧　　8.9
　　×　　7

⑨　　2.4
　　×　　8

⑩　　3.2
　　×　　4

⑪　　6.2
　　×　　7

⑫　　4.6
　　×　　9

⑬　　7.7
　　×　　5

⑭　　9.5
　　×　　6

⑮　　8.6
　　×　　8

⑯　　7.4
　　×　　9

まちがえたもんだいは，もう一どやりなおして
みよう。

□□□ 点

45 しんだんテスト

月 日	名前	はじめ 時 分	おわり 時 分

1 つぎの計算をしましょう。 〔1もん 3点〕

❶ 63 × 7

❷ 67 × 5

❸ 48 × 8

❹ 43 × 2

❺ 97 × 8

❻ 40 × 7

❼ 88 × 6

❽ 34 × 3

❾ 59 × 9

❿ 73 × 6

⓫ 78 × 4

⓬ 69×4＝

2 つぎの計算をしましょう。 〔1もん 4点〕

❶ 627 × 8

❷ 254 × 3

❸ 908 × 7

3 つぎの計算をしましょう。　〔1もん　3点〕

①　65
　　×43

④　32
　　×32

⑦　43
　　×27

⑩　54
　　×36

②　78
　　×30

⑤　65
　　×75

⑧　60
　　×54

⑪　78
　　×98

③　87
　　×67

⑥　94
　　×76

⑨　39
　　×93

⑫　74
　　×58

4 つぎの計算をしましょう。　〔1もん　4点〕

①　456
　　×　87

②　807
　　×　63

③　234
　　×　48

5 □にあてはまる数字を入れましょう。　〔2点〕

$(27 \times 5) \times 8 = 27 \times (\boxed{} \times 8)$

6 つぎの計算をしましょう。　〔2点〕

$18 \times 5 \times 9 =$

答え合わせをして点数をつけてから，103ページ
の　アドバイス　を読もう。

〔　　　　〕点

©くもん出版

1 たし算のふくしゅう(1) P.1・2

1 ①37 ②57 ③76 ④66 ⑤83 ⑥50 ⑦61 ⑧79 ⑨80 ⑩55 ⑪53 ⑫54 ⑬62 ⑭90 ⑮81 ⑯81 ⑰70 ⑱82 ⑲81 ⑳95

2 ①78 ②83 ③95 ④119 ⑤107 ⑥100 ⑦128 ⑧126 ⑨132 ⑩118 ⑪123 ⑫140 ⑬147 ⑭142 ⑮132 ⑯102 ⑰117 ⑱135 ⑲121 ⑳115

2 たし算のふくしゅう(2) P.3・4

1 ①58 ②79 ③68 ④88 ⑤55 ⑥80 ⑦64 ⑧90 ⑨110 ⑩109 ⑪126 ⑫109 ⑬148 ⑭150 ⑮99 ⑯111 ⑰128 ⑱132 ⑲129 ⑳133

2 ①189 ②173 ③231 ④285 ⑤480 ⑥595

3 ①72 ②76 ③147 ④84 ⑤77 ⑥147 ⑦133 ⑧126 ⑨182

3 2～5のだんの九九 P.5・6

1 ①10 ②12 ③14 ④15 ⑤18 ⑥21 ⑦20 ⑧24 ⑨28 ⑩25 ⑪30 ⑫35 ⑬2 ⑭4 ⑮6 ⑯8 ⑰3 ⑱6 ⑲9 ⑳12 ㉑4 ㉒8 ㉓12 ㉔16 ㉕5 ㉖10 ㉗15 ㉘20 ㉙16 ㉚18 ㉛0 ㉜24 ㉝27 ㉞0 ㉟32 ㊱36 ㊲0 ㊳40 ㊴45 ㊵0

2 ①12 ②40 ③18 ④24 ⑤0 ⑥10 ⑦21 ⑧4 ⑨6 ⑩20 ⑪4 ⑫36 ⑬15 ⑭14 ⑮24 ⑯16 ⑰0 ⑱35 ⑲8 ⑳12 ㉑30 ㉒16 ㉓20 ㉔18 ㉕2 ㉖32 ㉗25 ㉘27 ㉙8 ㉚45

4 6～9のだんの九九 P.7・8

1 ①35 ②42 ③49 ④30 ⑤36 ⑥42 ⑦45 ⑧54 ⑨63 ⑩40 ⑪48 ⑫56 ⑬7 ⑭14 ⑮21 ⑯28 ⑰6 ⑱12 ⑲18 ⑳24 ㉑9 ㉒18 ㉓27 ㉔36 ㉕8 ㉖16 ㉗24 ㉘32 ㉙56 ㉚63 ㉛0 ㉜48 ㉝54 ㉞0 ㉟72 ㊱81 ㊲0 ㊳64 ㊴72 ㊵0

2 ①28 ②72 ③54 ④48 ⑤0 ⑥30 ⑦49 ⑧8 ⑨14 ⑩36 ⑪12 ⑫72 ⑬27 ⑭42 ⑮56 ⑯32 ⑰0 ⑱63 ⑲24 ⑳24 ㉑54 ㉒48 ㉓40 ㉔42 ㉕6 ㉖64 ㉗45 ㉘63 ㉙16 ㉚81

5 かけ算のふくしゅう P.9・10

1 ① 12　② 10　③ 7　④ 12　⑤ 32　⑥ 24　⑦ 24　⑧ 21　⑨ 30　⑩ 28　⑪ 45　⑫ 16　⑬ 28　⑭ 54　⑮ 40　⑯ 54　⑰ 49　⑱ 25　⑲ 27　⑳ 10　㉑ 16　㉒ 12　㉓ 32　㉔ 9　㉕ 56　㉖ 45　㉗ 6　㉘ 30　㉙ 72　㉚ 5　㉛ 21　㉜ 24　㉝ 42　㉞ 9　㉟ 24　㊱ 63

2 ① 3　② 6　③ 7　④ 9

3 ① 20　② 0　③ 10　④ 4　⑤ 35　⑥ 0　⑦ 18　⑧ 0　⑨ 45　⑩ 7　⑪ 18　⑫ 0　⑬ 24　⑭ 1　⑮ 64　⑯ 0　⑰ 54　⑱ 0　⑲ 15　⑳ 0　㉑ 0　㉒ 36　㉓ 56　㉔ 2　㉕ 72　㉖ 0　㉗ 6　㉘ 48

4 ① 4　② 7　③ 3　④ 5

5 ① 20　② 22　③ 24　④ 50　⑤ 50　⑥ 24

6 チェックテスト P.11・12

1 ① 81　② 90　③ 85　④ 72　⑤ 95　⑥ 119　⑦ 169　⑧ 112　⑨ 71　⑩ 86　⑪ 103　⑫ 155　⑬ 127　⑭ 126　⑮ 347　⑯ 479　⑰ 574　⑱ 963　⑲ 93　⑳ 138

2 ① 42　② 10　③ 16　④ 4　⑤ 8　⑥ 9　⑦ 0　⑧ 28　⑨ 30　⑩ 81　⑪ 0　⑫ 14　⑬ 32　⑭ 40　⑮ 27　⑯ 4　⑰ 63　⑱ 0　⑲ 21　⑳ 48　㉑ 2　㉒ 15　㉓ 0　㉔ 72　㉕ 10　㉖ 36　㉗ 0　㉘ 42　㉙ 3　㉚ 54　㉛ 16　㉜ 40　㉝ 21　㉞ 8　㉟ 12　㊱ 45　㊲ 70　㊳ 33　㊴ 24　㊵ 90

アドバイス

● **85点から100点の人**

まちがえたもんだいをやりなおしてから，つぎのページにすすみましょう。

● **75点から84点の人**

ここまでのページをもう一どおさらいしましょう。

● **0点から74点の人**

1でまちがえた人は『2年生　たし算』を，**2**でまちがえた人は『2年生　かけ算（九九）』をそれぞれもう一どおさらいしておきましょう。

7 2けた×2，×3(1) P.13・14

1 ① 86　② 62　③ 82　④ 26　⑤ 64　⑥ 102　⑦ 104　⑧ 144　⑨ 46　⑩ 84　⑪ 126　⑫ 168

2 ① 36　② 33　③ 63　④ 66　⑤ 69　⑥ 93　⑦ 96　⑧ 99　⑨ 123　⑩ 129　⑪ 153　⑫ 156　⑬ 159

8 2けた×2，×3(2) P.15・16

1 ① 78　② 75　③ 45　④ 48　⑤ 51　⑥ 81　⑦ 84　⑧ 87　⑨ 54　⑩ 57　⑪ 114　⑫ 105　⑬ 108　⑭ 111　⑮ 117　⑯ 135　⑰ 138　⑱ 141　⑲ 144　⑳ 147

2 ① 46　② 48　③ 50　④ 52　⑤ 54　⑥ 99　⑦ 102　⑧ 105　⑨ 108　⑩ 111　⑪ 44　⑫ 46　⑬ 68　⑭ 70　⑮ 72　⑯ 129　⑰ 132　⑱ 165　⑲ 168　⑳ 171

9 2けた×3，×4

P.17・18

1 ①96 ②129 ③162 ④195 ⑤228 ⑥124 ⑦172 ⑧220 ⑨268 ⑩316 ⑪44 ⑫52 ⑬60 ⑭68 ⑮76 ⑯84 ⑰96 ⑱104 ⑲148 ⑳196

2 ①164 ②204 ③248 ④288 ⑤332 ⑥56 ⑦100 ⑧144 ⑨188 ⑩232 ⑪96 ⑫140 ⑬184 ⑭228 ⑮276 ⑯216 ⑰260 ⑱304 ⑲348 ⑳396

10 2けた×2，×3，×4

P.19・20

1 ①84 ②106 ③128 ④150 ⑤172 ⑥204 ⑦248 ⑧292 ⑨336 ⑩380 ⑪140 ⑫184 ⑬228 ⑭272 ⑮316 ⑯216 ⑰260 ⑱304 ⑲348 ⑳392

2 ①64 ②86 ③108 ④134 ⑤158 ⑥123 ⑦156 ⑧192 ⑨228 ⑩267 ⑪124 ⑫168 ⑬212 ⑭264 ⑮300 ⑯56 ⑰140 ⑱184 ⑲268 ⑳312

11 2けた×4，×5

P.21・22

1 ①124 ②168 ③212 ④256 ⑤300 ⑥55 ⑦65 ⑧75 ⑨85 ⑩95 ⑪105 ⑫120 ⑬125 ⑭180 ⑮245 ⑯155 ⑰215 ⑱275 ⑲335 ⑳395

2 ①205 ②260 ③315 ④370 ⑤425 ⑥70 ⑦125 ⑧180 ⑨235 ⑩290 ⑪120 ⑫175 ⑬230 ⑭285 ⑮345 ⑯270 ⑰325 ⑱380 ⑲435 ⑳495

12 2けた×5，×6

P.23・24

1 ①155 ②210 ③265 ④330 ⑤385 ⑥66 ⑦78 ⑧90 ⑨102 ⑩114 ⑪126 ⑫144 ⑬150 ⑭216 ⑮294 ⑯186 ⑰258 ⑱330 ⑲402 ⑳474

2 ①84 ②150 ③216 ④282 ⑤348 ⑥144 ⑦210 ⑧276 ⑨342 ⑩414 ⑪246 ⑫312 ⑬378 ⑭444 ⑮510 ⑯324 ⑰390 ⑱456 ⑲522 ⑳594

13 2けた×6，×7

P.25・26

1 ①186 ②252 ③318 ④396 ⑤462 ⑥77 ⑦91 ⑧105 ⑨119 ⑩133 ⑪147 ⑫168 ⑬175 ⑭252 ⑮343 ⑯217 ⑰301 ⑱385 ⑲469 ⑳553

2 ①98 ②175 ③252 ④329 ⑤406 ⑥168 ⑦245 ⑧322 ⑨399 ⑩483 ⑪287 ⑫364 ⑬441 ⑭518 ⑮595 ⑯378 ⑰455 ⑱532 ⑲609 ⑳693

14 2けた×7，×8

P.27・28

1 ①217 ②294 ③371 ④462 ⑤539 ⑥88 ⑦104 ⑧120 ⑨136 ⑩152 ⑪168 ⑫192 ⑬208 ⑭296 ⑮392 ⑯248 ⑰344 ⑱440 ⑲536 ⑳632

2 ①112 ②200 ③288 ④376 ⑤464 ⑥192 ⑦280 ⑧368 ⑨456 ⑩552 ⑪336 ⑫424 ⑬512 ⑭600 ⑮688 ⑯432 ⑰520 ⑱608 ⑲696 ⑳792

15 2けた×8，×9

P.29・30

1 ①248 ②336 ③424 ④528 ⑤616 ⑥99 ⑦117 ⑧135 ⑨153 ⑩171 ⑪189 ⑫216 ⑬234 ⑭333 ⑮441 ⑯279 ⑰387 ⑱495 ⑲603 ⑳711

2 ①126 ②225 ③324 ④423 ⑤522 ⑥216 ⑦315 ⑧414 ⑨513 ⑩621 ⑪369 ⑫468 ⑬567 ⑭666 ⑮765 ⑯486 ⑰585 ⑱684 ⑲783 ⑳891

16 2けた×1けた(1)

P.31・32

1 ①40 ②60 ③120 ④150 ⑤180 ⑥200 ⑦240 ⑧280 ⑨400 ⑩450 ⑪180 ⑫240 ⑬350 ⑭420 ⑮490 ⑯320 ⑰400 ⑱480 ⑲630 ⑳720

2 ①32 ②90 ③174 ④304 ⑤390 ⑥96 ⑦168 ⑧399 ⑨472 ⑩612 ⑪70 ⑫138 ⑬180 ⑭325 ⑮462 ⑯296 ⑰430 ⑱672 ⑲776 ⑳702

17 2けた×1けた(2) P.33・34

1 ①50 ②108 ③156 ④230 ⑤342 ⑥140 ⑦180 ⑧315 ⑨448 ⑩603 ⑪64 ⑫140 ⑬144 ⑭259 ⑮336 ⑯234 ⑰238 ⑱376 ⑲504 ⑳612

2 ①92 ②180 ③390 ④392 ⑤536 ⑥78 ⑦240 ⑧399 ⑨544 ⑩783 ⑪236 ⑫402 ⑬441 ⑭584 ⑮702 ⑯325 ⑰456 ⑱588 ⑲544 ⑳891

18 2けた×1けた(3) P.35・36

1 ①74 ②144 ③294 ④520 ⑤531 ⑥160 ⑦161 ⑧304 ⑨376 ⑩576 ⑪172 ⑫276 ⑬399 ⑭608 ⑮792 ⑯195 ⑰343 ⑱472 ⑲666 ⑳612

2 ①140 ②320 ③336 ④414 ⑤448 ⑥553 ⑦256 ⑧688 ⑨603 ⑩711 ⑪444 ⑫456 ⑬525 ⑭532 ⑮483 ⑯776 ⑰496 ⑱504 ⑲612 ⑳882

19 2けた×1けた(4) P.37・38

1 ①48 ②105 ③236 ④430 ⑤324 ⑥511 ⑦712 ⑧855 ⑨330 ⑩623 ⑪774 ⑫105 ⑬396 ⑭469 ⑮696 ⑯702 ⑰82 ⑱156 ⑲427 ⑳720

2 ①324 ②315 ③306 ④738 ⑤504 ⑥399 ⑦270 ⑧145 ⑨248 ⑩475 ⑪245 ⑫504 ⑬504 ⑭351 ⑮448 ⑯846 ⑰68 ⑱135 ⑲540 ⑳280

20 2けた×1けた(5) P.39・40

1 ①69 ②215 ③390 ④632 ⑤96 ⑥324 ⑦680 ⑧864 ⑨115 ⑩336 ⑪304 ⑫387 ⑬432 ⑭632 ⑮532 ⑯356 ⑰222 ⑱240 ⑲413 ⑳236

2 ①415 ②450 ③324 ④512 ⑤171 ⑥464 ⑦273 ⑧156 ⑨460 ⑩474 ⑪351 ⑫592 ⑬306 ⑭475 ⑮504 ⑯552 ⑰171 ⑱136 ⑲272 ⑳234

21 3けた×1けた(1) P.41・42

1

① $\begin{array}{r}210\\ \times\ \ 3\\ \hline 630\end{array}$ ② $\begin{array}{r}120\\ \times\ \ 4\\ \hline 480\end{array}$ ③ $\begin{array}{r}340\\ \times\ \ 2\\ \hline 680\end{array}$ ④ $\begin{array}{r}310\\ \times\ \ 3\\ \hline 930\end{array}$ ⑤ $\begin{array}{r}413\\ \times\ \ 2\\ \hline 826\end{array}$ ⑥ $\begin{array}{r}122\\ \times\ \ 3\\ \hline 366\end{array}$ ⑦ $\begin{array}{r}112\\ \times\ \ 4\\ \hline 448\end{array}$

⑧ $\begin{array}{r}212\\ \times\ \ 4\\ \hline 848\end{array}$ ⑨ $\begin{array}{r}231\\ \times\ \ 3\\ \hline 693\end{array}$ ⑩ $\begin{array}{r}323\\ \times\ \ 3\\ \hline 969\end{array}$ ⑪ $\begin{array}{r}200\\ \times\ \ 4\\ \hline 800\end{array}$ ⑫ $\begin{array}{r}203\\ \times\ \ 2\\ \hline 406\end{array}$ ⑬ $\begin{array}{r}203\\ \times\ \ 3\\ \hline 609\end{array}$ ⑭ $\begin{array}{r}203\\ \times\ \ 4\\ \hline 812\end{array}$

⑮ $\begin{array}{r}105\\ \times\ \ 5\\ \hline 525\end{array}$ ⑯ $\begin{array}{r}307\\ \times\ \ 2\\ \hline 614\end{array}$ ⑰ $\begin{array}{r}307\\ \times\ \ 3\\ \hline 921\end{array}$ ⑱ $\begin{array}{r}508\\ \times\ \ 3\\ \hline 1524\end{array}$ ⑲ $\begin{array}{r}608\\ \times\ \ 4\\ \hline 2432\end{array}$ ⑳ $\begin{array}{r}609\\ \times\ \ 5\\ \hline 3045\end{array}$

2 ①226 ②342 ③580 ④852 ⑤642 ⑥860 ⑦432 ⑧651 ⑨1090 ⑩1314 ⑪1570 ⑫1884 ⑬1268 ⑭1652 ⑮2080 ⑯1536 ⑰2575 ⑱3096 ⑲1551 ⑳2072

22 3けた×1けた(2)

P.43・44

1
①357 ②892 ③687 ④948 ⑤1264
⑥1580 ⑦1896 ⑧1268 ⑨1292 ⑩2080
⑪2478 ⑫2070 ⑬2496 ⑭1554 ⑮2076
⑯2595 ⑰4896 ⑱3678 ⑲4291 ⑳2460

2
①480 ②650 ③840 ④1980 ⑤3420
⑥3042 ⑦4256 ⑧5672 ⑨5649 ⑩5436
⑪924 ⑫729 ⑬756 ⑭849 ⑮744
⑯1160 ⑰1566 ⑱1897 ⑲2568 ⑳3069

23 3けた×1けた(3)

P.45・46

1
①486 ②729 ③972 ④1215 ⑤1458
⑥1225 ⑦1470 ⑧1715 ⑨1960 ⑩2205
⑪508 ⑫762 ⑬1016 ⑭1270 ⑮1524
⑯1320 ⑰1584 ⑱1848 ⑲2112 ⑳2376

2
①480 ②720 ③960 ④1200 ⑤1440
⑥1520 ⑦1824 ⑧2128 ⑨2432 ⑩2736
⑪696 ⑫1044 ⑬1392 ⑭1740 ⑮2088
⑯1745 ⑰2094 ⑱2443 ⑲2792 ⑳3141

24 3けた×1けた(4)

P.47・48

1
① 365 × 5 = 1825
② 372 × 3 = 1116
③ 382 × 3 = 1146
④ 383 × 8 = 3064
⑤ 384 × 6 = 2304
⑥ 388 × 4 = 1552
⑦ 392 × 4 = 1568
⑧ 423 × 3 = 1269
⑨ 431 × 7 = 3017
⑩ 443 × 5 = 2215
⑪ 454 × 6 = 2724
⑫ 466 × 9 = 4194
⑬ 478 × 7 = 3346
⑭ 483 × 9 = 4347
⑮ 519 × 9 = 4671
⑯ 540 × 7 = 3780
⑰ 579 × 4 = 2316
⑱ 598 × 5 = 2990
⑲ 614 × 7 = 4298
⑳ 627 × 8 = 5016

2
①1270 ②1905 ③2540 ④3175 ⑤3810
⑥4445 ⑦5080 ⑧5715 ⑨3230 ⑩4529
⑪5012 ⑫5082 ⑬2908 ⑭5888 ⑮6723
⑯2544 ⑰2577 ⑱8244 ⑲5562 ⑳4795

25 4けた×1けた

P.49・50

1
① 3210 × 2 = 6420
② 3210 × 4 = 12840
③ 3210 × 7 = 22470
④ 4321 × 3 = 12963
⑤ 4321 × 6 = 25926
⑥ 4321 × 8 = 34568
⑦ 3041 × 4 = 12164
⑧ 3041 × 5 = 15205
⑨ 3041 × 7 = 21287
⑩ 4395 × 2 = 8790
⑪ 4395 × 4 = 17580
⑫ 4395 × 9 = 39555

2
① 3079 × 2 = 6158
② 3079 × 4 = 12316
③ 3079 × 6 = 18474
④ 5615 × 3 = 16845
⑤ 5615 × 5 = 28075
⑥ 5615 × 7 = 39305
⑦ 2468 × 4 = 9872
⑧ 2468 × 6 = 14808
⑨ 2468 × 8 = 19744
⑩ 2589 × 3 = 7767
⑪ 2589 × 5 = 12945
⑫ 2589 × 7 = 18123
⑬ 2589 × 9 = 23301

26 2けた×2けた(1)

P.51・52

1

①	31	×64	124	186	1984
②	41	×63	123	246	2583
③	32	×56	192	160	1792
④	42	×34	168	126	1428
⑤	32	×64	128	192	2048
⑥	42	×56	252	210	2352
⑦	43	×43	129	172	1849
⑧	34	×21	34	68	714
⑨	32	×23	96	64	736
⑩	24	×13	72	24	312

2

①	32	×14	128	32	448
②	32	×24	128	64	768
③	32	×25	160	64	800
④	32	×41	32	128	1312
⑤	32	×42	64	128	1344
⑥	32	×52	64	160	1664
⑦	32	×45	160	128	1440
⑧	32	×65	160	192	2080
⑨	23	×45	115	92	1035
⑩	23	×65	115	138	1495
⑪	23	×67	161	138	1541
⑫	32	×46	192	128	1472
⑬	32	×53	96	160	1696
⑭	40	×85	200	320	3400
⑮	40	×79	360	280	3160

27 2けた×2けた(2)

P.53・54

1

①	23	×22	46	46	506
②	23	×24	92	46	552
③	23	×26	138	46	598
④	23	×28	184	46	644
⑤	23	×33	69	69	759
⑥	23	×53	69	115	1219
⑦	23	×64	92	138	1472
⑧	23	×75	115	161	1725
⑨	23	×86	138	184	1978
⑩	23	×97	161	207	2231

2

①	32	×25	160	64	800
②	32	×33	96	96	1056
③	32	×47	224	128	1504
④	32	×49	288	128	1568
⑤	32	×51	32	160	1632
⑥	42	×23	126	84	966
⑦	42	×24	168	84	1008
⑧	42	×26	252	84	1092
⑨	42	×27	294	84	1134
⑩	42	×33	126	126	1386
⑪	42	×34	168	126	1428
⑫	42	×36	252	126	1512
⑬	42	×37	294	126	1554
⑭	42	×43	126	168	1806
⑮	42	×46	252	168	1932

28 2けた×2けた(3) P.55・56

1

① 24
×23
72
48
552

② 24
×25
120
48
600

③ 24
×27
168
48
648

④ 24
×29
216
48
696

⑤ 24
×34
96
72
816

⑥ 24
×45
120
96
1080

⑦ 24
×56
144
120
1344

⑧ 24
×67
168
144
1608

⑨ 24
×78
192
168
1872

⑩ 24
×89
216
192
2136

2

① 34
×25
170
68
850

② 34
×46
204
136
1564

③ 34
×67
238
204
2278

④ 34
×89
306
272
3026

⑤ 41
×21
41
82
861

⑥ 41
×42
82
164
1722

⑦ 41
×63
123
246
2583

⑧ 41
×84
164
328
3444

⑨ 52
×24
208
104
1248

⑩ 52
×46
312
208
2392

⑪ 52
×57
364
260
2964

⑫ 52
×79
468
364
4108

⑬ 53
×27
371
106
1431

⑭ 53
×62
106
318
3286

⑮ 53
×84
212
424
4452

29 2けた×2けた(4) P.57・58

1

① 52
×24
208
104
1248

② 52
×46
312
208
2392

③ 52
×57
364
260
2964

④ 52
×79
468
364
4108

⑤ 62
×24
248
124
1488

⑥ 62
×46
372
248
2852

⑦ 62
×57
434
310
3534

⑧ 62
×79
558
434
4898

⑨ 43
×46
258
172
1978

⑩ 43
×79
387
301
3397

2

① 72
×33
216
216
2376

② 72
×43
216
288
3096

③ 83
×22
166
166
1826

④ 83
×55
415
415
4565

⑤ 33
×72
66
231
2376

⑥ 43
×72
86
301
3096

⑦ 22
×83
66
176
1826

⑧ 55
×83
165
440
4565

⑨ 54
×82
108
432
4428

⑩ 65
×82
130
520
5330

⑪ 76
×82
152
608
6232

⑫ 87
×82
174
696
7134

⑬ 82
×56
492
410
4592

⑭ 82
×65
410
492
5330

⑮ 82
×76
492
574
6232

30 2けた×2けた(5) P.59・60

1

①
```
   50
×  13
  150
   50
  650
```

②
```
   50
×  24
  200
  100
 1200
```

③
```
   50
×  35
  250
  150
 1750
```

④
```
   50
×  46
  300
  200
 2300
```

⑤
```
   40
×  54
  160
  200
 2160
```

⑥
```
   40
×  65
  200
  240
 2600
```

⑦
```
   40
×  76
  240
  280
 3040
```

⑧
```
   40
×  87
  280
  320
 3480
```

⑨
```
   30
×  81
   30
  240
 2430
```

⑩
```
   30
×  93
   90
  270
 2790
```

2

① 792
② 1188
③ 1584
④ 1980
⑤ 976
⑥ 1054
⑦ 1134
⑧ 1216
⑨ 2145
⑩ 2860
⑪ 3575
⑫ 4290
⑬ 5005
⑭ 5720
⑮ 6435

31 2けた×2けた(6) P.61・62

1

① 1728
② 2432
③ 3136
④ 3712
⑤ 3904
⑥ 1696
⑦ 966
⑧ 4672
⑨ 5208
⑩ 5700

2

① 988
② 1406
③ 1824
④ 2242
⑤ 960
⑥ 1190
⑦ 1610
⑧ 1620
⑨ 2072
⑩ 2457
⑪ 2080
⑫ 2891
⑬ 1116
⑭ 1917
⑮ 2952

32 2けた×2けた(7) P.63・64

1

① 1012
② 1518
③ 2530
④ 3542
⑤ 4554
⑥ 1147
⑦ 1924
⑧ 2331
⑨ 3145
⑩ 3552

2

① 1071
② 1764
③ 2457
④ 2835
⑤ 3213
⑥ 3906
⑦ 4599
⑧ 5292
⑨ 1458
⑩ 2052
⑪ 2646
⑫ 3024
⑬ 3294
⑭ 3888
⑮ 4482

33 2けた×2けた(8) P.65・66

1

① 1575
② 2400
③ 3225
④ 4050
⑤ 4875
⑥ 5700
⑦ 6525
⑧ 7350
⑨ 1425
⑩ 6150

2

① 1806
② 2752
③ 3698
④ 4644
⑤ 5590
⑥ 6536
⑦ 7482
⑧ 8428
⑨ 702
⑩ 999
⑪ 1296
⑫ 1593
⑬ 1728
⑭ 1917
⑮ 2214

3年生　かけ算

34 2けた×2けた(9)

P.67・68

1
①465 ②1147 ③1488 ④1953 ⑤2294 ⑥992 ⑦2356 ⑧3038 ⑨3162 ⑩5146

2
①1534 ②2183 ③2832 ④3481 ⑤3540 ⑥2844 ⑦3713 ⑧4582 ⑨5451 ⑩5056 ⑪5925 ⑫6794 ⑬7663 ⑭6320 ⑮7189

35 2けた×2けた(10)

P.69・70

1
①299 ②2832 ③1768 ④2046 ⑤3936 ⑥3364 ⑦4416 ⑧5846 ⑨6561 ⑩8556

2

① 31 ×30 / 00 / 93 / 930

② 31 ×40 / 00 / 124 / 1240

③ 62 ×49 / 558 / 248 / 3038

④ 62 ×50 / 00 / 310 / 3100

⑤ 63 ×50 / 00 / 315 / 3150

⑥ 54 ×59 / 486 / 270 / 3186

⑦ 54 ×60 / 00 / 324 / 3240

⑧ 25 ×39 / 225 / 75 / 975

⑨ 25 ×40 / 00 / 100 / 1000

⑩ 26 ×50 / 00 / 130 / 1300

⑪ 23 ×51 / 23 / 115 / 1173

⑫ 12 ×40 / 480

⑬ 43 ×20 / 860

⑭ 23 ×40 / 920

⑮ 30 ×40 / 1200

アドバイス
右のように、
とちゅうの計算を書かずに、
答えだけ書いてもよいです。

① 31 ×30 / 930

36 3けた×2けた(1)

P.71・72

1

① 321 × 12 / 642 / 321 / 3852

② 321 × 32 / 642 / 963 / 10272

③ 321 × 24 / 1284 / 642 / 7704

④ 321 × 13 / 963 / 321 / 4173

⑤ 321 × 33 / 963 / 963 / 10593

⑥ 321 × 27 / 2247 / 642 / 8667

⑦ 321 × 42 / 642 / 1284 / 13482

⑧ 321 × 43 / 963 / 1284 / 13803

2

① 406 × 47 / 2842 / 1624 / 19082

② 406 × 37 / 2842 / 1218 / 15022

③ 406 × 48 / 3248 / 1624 / 19488

④ 406 × 59 / 3654 / 2030 / 23954

⑤ 406 × 26 / 2436 / 812 / 10556

⑥ 406 × 71 / 406 / 2842 / 28826

⑦ 432 × 41 / 432 / 1728 / 17712

⑧ 432 × 52 / 864 / 2160 / 22464

⑨ 432 × 63 / 1296 / 2592 / 27216

⑩ 432 × 74 / 1728 / 3024 / 31968

⑪ 432 × 85 / 2160 / 3456 / 36720

⑫ 432 × 96 / 2592 / 3888 / 41472

37 3けた×2けた(2)

P.73・74

1

① 908 × 48
7264
3632
43584

⑤ 314 × 57
2198
1570
17898

② 908 × 59
8172
4540
53572

⑥ 314 × 68
2512
1884
21352

③ 908 × 68
7264
5448
61744

⑦ 314 × 79
2826
2198
24806

④ 908 × 71
908
6356
64468

⑧ 314 × 82
628
2512
25748

2

① 709 × 22
1418
1418
15598

⑤ 280 × 25
1400
560
7000

⑨ 417 × 10
000
417
4170

② 709 × 44
2836
2836
31196

⑥ 280 × 37
1960
840
10360

⑩ 417 × 32
834
1251
13344

③ 709 × 66
4254
4254
46794

⑦ 280 × 59
2520
1400
16520

⑪ 417 × 54
1668
2085
22518

④ 709 × 88
5672
5672
62392

⑧ 280 × 60
000
1680
16800

⑫ 417 × 65
2085
2502
27105

38 3けた×3けた(1)

P.75・76

1

① 214 × 321
214
428
642
68694

⑤ 312 × 132
624
936
312
41184

② 214 × 326
1284
428
642
69764

⑥ 312 × 135
1560
936
312
42120

③ 214 × 353
642
1070
642
75542

⑦ 312 × 162
624
1872
312
50544

④ 214 × 712
428
214
1498
152368

⑧ 312 × 631
312
936
1872
196872

2

① 346 × 123
1038
692
346
42558

⑤ 403 × 377
2821
2821
1209
151931

⑨ 529 × 562
1058
3174
2645
297298

② 362 × 234
1448
1086
724
84708

⑥ 458 × 425
2290
916
1832
194650

⑩ 560 × 623
1680
1120
3360
348880

③ 378 × 345
1890
1512
1134
130410

⑦ 470 × 458
3760
2350
1880
215260

⑪ 600 × 647
4200
2400
3600
388200

④ 396 × 456
2376
1980
1584
180576

⑧ 507 × 514
2028
507
2535
260598

⑫ 700 × 682
1400
5600
4200
477400

39 3けた×3けた(2)

P.77・78

1

①
213
×194
852
1917
213
41322

②
276
×204
1104
552
56304

③
351
×240
1404
702
84240

④
423
×300
126900

⑤
534
×408
4272
2136
217872

⑥
567
×570
3969
2835
323190

⑦
629
×600
377400

⑧
675
×705
3375
4725
475875

⑨
737
×780
5896
5159
574860

⑩
792
×800
633600

2

①
207
×123
621
414
207
25461

②
309
×207
2163
618
63963

③
406
×340
1624
1218
138040

④
608
×400
243200

⑤
380
×306
2280
1140
116280

⑥
490
×530
1470
2450
259700

⑦
560
×600
336000

⑧
400
×509
3600
2000
203600

⑨
700
×670
4900
4200
469000

⑩
900
×700
630000

40 3けた×3けた(3)

P.79・80

1

①
106
×185
530
848
106
19610

②
187
×253
561
935
374
47311

③
218
×309
1962
654
67362

④
289
×426
1734
578
1156
123114

⑤
320
×493
960
2880
1280
157760

⑥
361
×534
1444
1083
1805
192774

⑦
384
×650
1920
2304
249600

⑧
457
×712
914
457
3199
325384

⑨
490
×876
2940
3430
3920
429240

⑩
532
×934
2128
1596
4788
496888

2

①234000
②217536
③189882
④118608
⑤502579
⑥419397
⑦383200
⑧818586
⑨753984
⑩756896

41 3つの数のかけ算 P.81・82

1
① (3×2)×6=36
3×(2×6)=36
② (3×4)×5=60
3×(4×5)=60
③ (15×3)×2=90
15×(3×2)=90
④ (18×6)×5=540
18×(6×5)=540
⑤ (24×5)×5=600
24×(5×5)=600
⑥ (27×8)×5=1080
27×(8×5)=1080
⑦ (125×2)×3=750
125×(2×3)=750
⑧ (120×4)×2=960
120×(4×2)=960

2
① 8
② 4
③ 23
④ 7

3
① 280
② 180
③ 336
④ 112
⑤ 480
⑥ 630
⑦ 189
⑧ 700
⑨ 270
⑩ 580
⑪ 198
⑫ 900
⑬ 1800
⑭ 1380
⑮ 1750

42 小数のかけ算(1) P.83・84

1
① 0.8　⑪ 1.4
② 1.2　⑫ 2.8
③ 1.6　⑬ 4.2
④ 2.4　⑭ 4.9
⑤ 3.2　⑮ 0.6
⑥ 4　⑯ 1.6
⑦ 1.2　⑰ 2
⑧ 1.8　⑱ 3.6
⑨ 2.4　⑲ 4.5
⑩ 4.2　⑳ 8.1

2
① 2　⑪ 3.6
② 3.5　⑫ 6
③ 4　⑬ 0.8
④ 4.5　⑭ 1.4
⑤ 4　⑮ 2.7
⑥ 7.2　⑯ 7.2
⑦ 8　⑰ 2
⑧ 0.6　⑱ 3.6
⑨ 0.9　⑲ 2.1
⑩ 1.8　⑳ 5.6

43 小数のかけ算(2) P.85・86

1
① 4.8　⑪ 2.8
② 6　⑫ 4.2
③ 7.2　⑬ 5.6
④ 9.6　⑭ 8.4
⑤ 12　⑮ 6.2
⑥ 4.6　⑯ 12.4
⑦ 6.9　⑰ 15.5
⑧ 11.5　⑱ 7.2
⑨ 13.8　⑲ 12
⑩ 23　⑳ 24

2
① 3.2　⑪ 5.4
② 4.8　⑫ 7.8
③ 6.4　⑬ 9.3
④ 7.2　⑭ 4.5
⑤ 10.8　⑮ 11.2
⑥ 14.4　⑯ 9.5
⑦ 7.5　⑰ 36
⑧ 10　⑱ 9.2
⑨ 10.5　⑲ 7
⑩ 14　⑳ 32

44 小数のかけ算(3)　P.87・88

1

❶ $\begin{array}{r} 1.3 \\ \times\ 4 \\ \hline 5.2 \end{array}$
❷ $\begin{array}{r} 1.3 \\ \times\ 6 \\ \hline 7.8 \end{array}$
❸ $\begin{array}{r} 1.3 \\ \times\ 8 \\ \hline 10.4 \end{array}$
❹ $\begin{array}{r} 1.6 \\ \times\ 3 \\ \hline 4.8 \end{array}$
❺ $\begin{array}{r} 1.6 \\ \times\ 5 \\ \hline 8.0 \end{array}$
❻ $\begin{array}{r} 1.8 \\ \times\ 5 \\ \hline 9.0 \end{array}$
❼ $\begin{array}{r} 2.6 \\ \times\ 8 \\ \hline 20.8 \end{array}$
❽ $\begin{array}{r} 2.7 \\ \times\ 7 \\ \hline 18.9 \end{array}$
❾ $\begin{array}{r} 2.9 \\ \times\ 6 \\ \hline 17.4 \end{array}$
❿ $\begin{array}{r} 3.6 \\ \times\ 4 \\ \hline 14.4 \end{array}$
⓫ $\begin{array}{r} 3.7 \\ \times\ 9 \\ \hline 33.3 \end{array}$
⓬ $\begin{array}{r} 4.2 \\ \times\ 9 \\ \hline 37.8 \end{array}$
⓭ $\begin{array}{r} 4.3 \\ \times\ 5 \\ \hline 21.5 \end{array}$

2

❶ $\begin{array}{r} 1.2 \\ \times\ 6 \\ \hline 7.2 \end{array}$
❷ $\begin{array}{r} 5.4 \\ \times\ 3 \\ \hline 16.2 \end{array}$
❸ $\begin{array}{r} 2.8 \\ \times\ 9 \\ \hline 25.2 \end{array}$
❹ $\begin{array}{r} 3.5 \\ \times\ 4 \\ \hline 14.0 \end{array}$
❺ $\begin{array}{r} 6.9 \\ \times\ 8 \\ \hline 55.2 \end{array}$
❻ $\begin{array}{r} 7.3 \\ \times\ 7 \\ \hline 51.1 \end{array}$
❼ $\begin{array}{r} 5.8 \\ \times\ 6 \\ \hline 34.8 \end{array}$
❽ $\begin{array}{r} 8.9 \\ \times\ 7 \\ \hline 62.3 \end{array}$
❾ $\begin{array}{r} 2.4 \\ \times\ 8 \\ \hline 19.2 \end{array}$
❿ $\begin{array}{r} 3.2 \\ \times\ 4 \\ \hline 12.8 \end{array}$
⓫ $\begin{array}{r} 6.2 \\ \times\ 7 \\ \hline 43.4 \end{array}$
⓬ $\begin{array}{r} 4.6 \\ \times\ 9 \\ \hline 41.4 \end{array}$
⓭ $\begin{array}{r} 7.7 \\ \times\ 5 \\ \hline 38.5 \end{array}$
⓮ $\begin{array}{r} 9.5 \\ \times\ 6 \\ \hline 57.0 \end{array}$
⓯ $\begin{array}{r} 8.6 \\ \times\ 8 \\ \hline 68.8 \end{array}$
⓰ $\begin{array}{r} 7.4 \\ \times\ 9 \\ \hline 66.6 \end{array}$

45 しんだんテスト　P.89・90

1 ❶441 ❺776 ❾531
❷335 ❻280 ❿438
❸384 ❼528 ⓫312
❹86 ❽102 ⓬276

2 ❶5016 ❷762 ❸6356

3 ❶2795 ❹1024 ❼1161 ❿1944
❷2340 ❺4875 ❽3240 ⓫7644
❸5829 ❻7144 ❾3627 ⓬4292

4 ❶39672 ❷50841 ❸11232

5 5

6 810

アドバイス

1でまちがえた人は,「2けた×1けた」から，もう一どふくしゅうしましょう。
2でまちがえた人は,「3けた×1けた」から，もう一どふくしゅうしましょう。
3でまちがえた人は,「2けた×2けた」から，もう一どふくしゅうしましょう。
4でまちがえた人は,「3けた×2けた」から，もう一どふくしゅうしましょう。
5，**6**でまちがえた人は，「3つの数のかけ算」をもう一どふくしゅうしましょう。